DAXUE JISUANJI JICHU SHIXUN ZHIDAO

大学计算机基础实训指导（第3版）

主　审　杨种学
主　编　田丰春

南京大学出版社

前　言

随着计算机信息技术的飞速发展，计算机信息技术在经济与社会发展中的地位日益重要，熟练掌握计算机信息处理技术已成为人们胜任本职工作和适应社会发展的必备条件之一。随着用人单位对大学毕业生计算机应用能力的要求日益提高，计算机应用水平的高低成为衡量大学生业务素质与能力的基本要素。我们的教学目标是培养学生具有较强的信息获取、信息分析、信息传递和信息加工能力，“大学计算机基础”作为一门大学生必修的信息类公共基础课，对于培养适应信息时代的新型“应用型”人才尤为重要。本书涵盖了江苏省计算机等级考试大纲的要求，可作为高等学校非计算机专业学生学习“大学计算机基础”时的辅导用书，以学生自学为主，教师指导为辅。

全书分为两部分：基础知识指导篇和上机实验指导篇。

在基础知识指导部分，按照教材内容的章节次序，安排了6章的学习指导内容，包括内容提要、例题分析、自我检测三部分内容。供学生在每章学习结束时，利用课余时间巩固所学的知识。

在上机实验指导部分，按照操作软件的功能分类，共安排了6个上机实验。每个实验包括实验目的、实验内容等。

本书由田丰春策划主编，杨种学主审，王洁、陆剑超、李朔、王峥、王岩、王燕共同编写整理。

由于时间仓促，作者的水平有限，书中难免有不足之处，恳请读者批评指正。

编者

2015年7月

目 录

基础知识指导篇

上机实验指导篇

基础知识指导篇

第1章　信息技术概述

内容提要

1.1　信息与信息技术

1. 信息

站在客观事物的立场上，信息是指“事物运动的状态及状态变化的方式”；站在认识主体的立场上，信息则是指“认识主体所感知或所表述的事物运动及其变化方式的形式、内容和效用”。

2. 信息处理

信息处理包括信息的收集、信息的加工、信息的存储、信息的传递和信息的使用。

3. 信息技术

信息技术是指用来扩展人们信息器官功能，协助人们进行信息处理的一门技术。基本的信息技术包括：

(1) 扩展感觉器官功能的感测(获取)与识别技术。

(2) 扩展神经网络功能的通信与存储技术。

(3) 扩展思维器官功能的计算(处理)技术。

(4) 扩展效应器官功能的控制与显示技术。

1.2　数字技术基础

1. 数的进制

数制：表示数值的方法(非进位和进位制)。

进制：按进位原则进行计数的数制。

基数：表示一个数时，所用的数字符号的个数。

十进制：由0～9共10个不同的符号组合，基数是10，逢10进1。

位权表示法举例：$(385.29)_{10} = 3\times10^2 + 8\times10^1 + 5\times10^0 + 2\times10^{-1} + 9\times10^{-2}$。

二进制：由0～1共两个不同的符号组合，基数是2，逢2进1。

位权表示法举例：$(101.11)_2 = 1\times2^2 + 0\times2^1 + 1\times2^0 + 1\times2^{-1} + 1\times2^{-2}$。

八进制：由0～7共八个不同的符号组合，基数是8，逢8进1。

位权表示法举例：$(436.7)_8 = 4\times8^2 + 3\times8^1 + 6\times8^0 + 7\times8^{-1}$。

十六进制：由0～9、A～F共16个不同的符号组合，基数是16，逢16进1。

位权表示法举例：$(3A7.F)_{16} = 3\times16^2 + 10\times16^1 + 7\times16^0 + 15\times16^{-1}$。

另一种表示方法：

十进制数加后缀D，二进制数加后缀B，八进制数加后缀O，十六进制数加后缀H。

例如：385.29D，101.11B，436.7O，3A7.FH。

2. 数制转换

(1) 非十进制转换成十进制

方法：按位权展开求和。

例：$(101.11)_2 = 1\times2^2 + 0\times2^1 + 1\times2^0 + 1\times2^{-1} + 1\times2^{-2} = (5.75)_{10}$。

(2) 十进制转换成非十进制

方法：整数部分(除以基数取余，倒着读)；

　　　小数部分(乘以基数取整，顺着读)。

例：将57、0.375转换成二进制(图1-1)。

$(57)_{10} = (111001)_2$

2|57 …….. 1
2|28 …….. 0
2|14 …….. 0
2|7 …….. 1
2|3 …….. 1
2|1 …….. 1
0

$(0.375)_{10} = (0.011)_2$

0.375×2=0.75 ……0
0.75×2=1.5 ………1
0.5×2=1…………1

图1-1　十进制转换为二进制

(3) 二进制与八进制的转换

方法：三位一组，数制转换。

例：$(1111001)_2 = (\underline{001}\ \underline{111}\ \underline{001})_2 = (171)_8$。

(4) 二进制与十六进制的转换

方法：四位一组，数制转换。

例：$(1111001)_2 = (\underline{0111}\ \underline{1001})_2 = (79)_{16}$。

3. 不同进位制数的比较(图1-2)

	十进制	二进制	八进制	十六进制
0	0	0000	0	0
1	1	0001	1	1
2	2	0010	2	2
3	3	0011	3	3
4	4	0100	4	4
5	5	0101	5	5
6	6	0110	6	6
7	7	0111	7	7
8	8	1000	10	8
9	9	1001	11	9
10	10	1010	12	A
11	11	1011	13	B
12	12	1100	14	C
13	13	1101	15	D
14	14	1110	16	E
15	15	1111	17	F

图1-2　不同进位制数的比较

4. 数据存储的单位

最小单位——比特或位(bit)：1个二进制位。

基本单位——字节(Byte)：8个二进制位，1 B = 8 b。

(1) 常用存储单位

$1\ KB = 2^{10}\ B = 1\,024\ B$　　$1\ MB = 2^{20}\ B = 1\,024\ KB$

$1\ GB = 2^{30}\ B = 1\,024\ MB$　　$1\ TB = 2^{40}\ B = 1\,024\ GB$

(2) 常用传输速率单位

$1\ Kb/s = 10^3\ b/s = 1\,000\ b/s$　　$1\ Mb/s = 10^6\ b/s = 1\,000\ Kb/s$

$1\ Gb/s = 10^9\ b/s = 1\,000\ Mb/s$　　$1\ Tb/s = 10^{12}\ b/s = 1\,000\ Gb/s$

5. 整数的表示

(1) 不带符号的整数

8位可表示256个数：$0 \sim 255(2^8-1)$。

16位可表示65 536个数：$0 \sim 65\,535(2^{16}-1)$。

n位可表示2^n个数：$0 \sim 2^n-1$。

(2) 带符号的整数(最高位为符号:0表示正,1表示负)

原码：8位可表示255个数：$-127 \sim +127[-(2^7-1) \sim 2^7-1]$。

　　n位可表示2^n-1个数：$-(2^{n-1}-1) \sim +2^{n-1}-1$。

补码：8位可表示256个数：$-128 \sim +127(-2^7 \sim 2^7-1)$。

　　n位可表示2^n个数：$-2^{n-1} \sim +2^{n-1}-1$。

6. 原码和补码

原码：$(+43)_{原}=00101011$；$(-43)_{原}=10101011$。

补码：$(+43)_{补}=00101011$；$(-43)_{补}=11010101$。

正数的补码与原码一样。

负数的补码是:对原码符号位不变,其余各位取反加1。

规定：原码中10000000和00000000都表示0；

　　补码中0仅表示为00000000；

　　补码中的10000000表示−128。

7. 实数的表示

浮点表示法：指数(阶码)和尾数。

$56.725 = 10^2 \times (0.56725)$；

$-1001.011 = 100^2 \times (-0.1001011)$。

8. 文字符号的表示

文字信息在计算机中称为文本(text),文本由一系列“字符”(character)组成,每个字符均使用二进制编码表示,常用字符的集合叫做“字符集”。

目前,计算机中使用最广泛的西文字符集及其编码是ASCII字符集和ASCII码,即美国标准信息交换码。

基本ASCII字符集共有128个字符,每个字符使用7个二进位进行编码,叫做标准ASCII码。但由于字节是计算机中最基本的存储和处理单位,故一般仍使用一个字节(8个二进位)来存放一个ASCII码。每个字节多余出来的一位(最高位)在计算机内部通常保持为"0"。

9. 图像等其他信息的表示

将图像离散成为M列、N行,这个过程称为图像的取样,经过取样之后,图像就分解成为M×N个取样点,每个取样点称为图像的一个"像素"。

如果是黑白图像,则每个像素只有两个值:黑(0)/白(1),所以每个像素用一个二进位表示。

计算机(包括其他数字设备)中所有信息都使用比特(二进位)表示。只有使用比特表示的信息,计算机才能进行处理、存储和传输。

1.3 微电子技术简介

1. 微电子技术

微电子技术是实现电子电路和电子系统超小型化及微型化的技术,微电子技术以集成电路为核心。

2. 集成电路

集成电路(Integrated Circuit,简称IC)于20世纪50年代出现,以半导体单晶片作为材料,经平面工艺加工制造,将大量晶体管、电阻等元器件及互连线构成的电子线路集成在晶片上,构成一个微型化的电路或系统。

现代集成电路使用的半导体材料通常是硅(Si),也可以是化合物半导体,如砷化镓(GaAs)等。

3. 集成电路分类

根据集成电路所包含的晶体管数目(集成度)可将集成电路分为以下几类(表1-1):

表1-1 集成电路分类

集成电路规模	集成度(个电子元件)
小规模集成电路(SSI)	<100
中规模集成电路(MSI)	100~3 000
大规模集成电路(LSI)	3 000~10万
超大规模集成电路(VLSI)	10万~100万
极大规模集成电路(ULSI)	>100万

现代PC所使用的微处理器、芯片组、图形加速器芯片等都是超大规模和极大规模集成电路。

4. Moore定律

摩尔(Gordon E. Moore)曾在1965年预测:单块集成电路的集成度平均每18~24个月翻一番。

5. IC卡

IC卡是集成电路卡的简称,是指将集成电路芯片密封在塑料卡片内,使其成为能存储、处理和传递数据的载体。

按IC卡中所镶嵌的集成电路芯片可分为：存储器卡(电话卡、公交卡、医疗卡等)、CPU卡(也叫智能卡)和SIM卡。

按使用方式可分为：接触式IC卡(电话IC卡)、非接触式IC卡(公交卡，饭卡，二代身份证)。

例题分析

一、选择题分析

【例1】 下列关于集成电路的叙述，错误的是________。

A. 微电子技术以集成电路为核心

B. 现代集成电路使用的半导体材料通常是硅或砷化镓

C. 集成电路根据它所包含的晶体管数目可分为小规模、中规模、大规模、超大规模和极大规模集成电路

D. 集成电路使用的都是半导体硅(Si)材料

分析：现代集成电路使用的半导体材料通常是硅(Si)，也可以是化合物半导体，如砷化镓(GaAs)等，故D的说法是不正确的。

答案：D

【例2】 微电子技术是以集成电路为核心的电子技术。在下列关于集成电路(IC)的叙述中，正确的是________。

A. 集成电路的发展促成了晶体管的发明

B. 现代计算机的CPU均是大规模集成电路

C. 小规模集成电路通常以功能部件、子系统为集成对象

D. 所有的集成电路均为数字集成电路

分析：现代计算机中使用的微处理器、芯片组、图形加速芯片等都是超大规模和极大规模集成电路。

答案：B

【例3】 微电子技术是现代信息技术的基础之一，而微电子技术又以集成电路为核心。下列关于集成电路(IC)的叙述中，错误的是________。

A. 集成电路是20世纪50年代出现的

B. 集成电路的工作速度主要取决于组成逻辑门电路的晶体管尺寸

C. 集成电路将永远遵循Moore定律

D. 现代PC所使用的电子元件都是超大规模和极大规模集成电路

分析：Moore定律指出，集成电路的集成度平均每18～24个月翻一番，在未来十多年里，集成电路技术还将继续遵循Moore定律，得到进一步发展，但不会是永远这样发展下去的。

答案：C

【例4】 二进制中的3位可以表示________。

A. 两种状态　　B. 四种状态　　C. 八种状态　　D. 九种状态

分析：由于二进制数中的每一位都可能有0和1两种状态，所以二进制中的3位就可以表示八(2^3)种状态。

答案：C

【例5】 下列几个不同数制的整数中，最大的一个是(　　)。

A. $(1001001)_2$　　B. $(77)_8$　　C. $(70)_{10}$　　D. $(5A)_{16}$

分析：在进行不同进制数的大小比较时，首先应将它们转换为相同进制的数，然后再进行大小比较。因为：$(1001001)_2=73$，$(77)_8=63$，$(5A)_{16}=90$，所以应选D。

答案：D

【例6】 下列有关"权值"表述正确的是________。

A. 权值是指某一数字符号在数的不同位置所表示的值的大小

B. 二进制的权值是"二"，十进制的权值是"十"

C. 权值就是一个数的数值

D. 只有正数才有权值

分析：权值是指某一数字符号在数的不同位置所表示的值的大小，例如99.9，它实际代表的数为$9\times10^1+9\times10^0+9\times10^{-1}$，从左向右看，第一个9位于十位上，其权值为10，第二个9位于个位上，其权值为1，第三个9位于十分位上，其权值为0.1。故A对，而B、C的说法都是错误的。正数、负数都是有权值的，D也错。

答案：A

【例7】 有一个数值311，与十六进制数C9相等，则该数值是________数。

A. 二进制　　B. 八进制　　C. 五进制　　D. 十六进制

分析：本题考查数制之间的转换。十六进制C9转换为十进制后值为201。答案A肯定是错的，因为二进制中不可能出现3。八进制311等于十进制的201。十六进制311等于十进制的785。五进制311等于十进制的81。

答案：B

【例8】 在计算机科学中，常常要用到二进制、八进制、十六进制等表示的数据。对于表达式1 023－377Q＋100H，其运算的结果是________。

A. 1 024　　B. 746H　　C. 746Q　　D. 1 023

分析：1 023：该十进制转换成二进制表示为(1111111111)；

377Q：该八进制转换成二进制表示为(11111111)；

100H：该十六进制转换成二进制表示为(100000000)；

$$
\begin{aligned}
1\,023-377Q+100H &= (1111111111)_2-(11111111)_2+(100000000)_2\\
&= (10000000000)_2\\
&= 2^{10}=1\,024
\end{aligned}
$$

答案：A

【例9】 下列关于定点数与浮点数的叙述中，错误的是________。

A. 不带符号的整数一定是正整数

B. 整数是实数的特例，也可以用浮点数表示

C. 带符号的整数一定是负整数

D. 相同长度的浮点数和定点数，前者可表示的数的范围要比后者大得多

分析：带符号的整数既可表示正整数，又可表示负整数。必须使用一个二进位作为其符号位，一般是最高位。

答案：C

【例10】 在下列有关计算机数值信息表示的叙述中，错误的是________。

A. 正整数无论是采用原码表示还是补码表示，其编码都是相同的

B. 相同位数的二进制补码和原码，它们能表示的数的个数也是相同的

C. 在实数的浮点表示中，阶码是一个整数

D. 从精度上看，Pentium处理器支持多种类型的浮点数

分析：相同位数的二进制补码和原码，补码表示的数的个数会比原码表示的数的个数多一个。

答案：B

【例11】 在计算机中，数值为负的整数一般不采用“原码”表示，而是采用“补码”方式表示。若某带符号整数的8位补码表示为10000001，则该整数为________。

A. 129　　B. −1　　C. −127　　D. 127

分析：若某带符号整数的8位补码表示为10000001，则它对应的原码为：11111111。$(-127)_{原} = 11111111$，$(-127)_{补} = 10000001$。

答案：C

【例12】 下列关于定点数与浮点数的叙述中，错误的是________。

A. 在实数的浮点数表示中，阶码是一个整数

B. 正整数的原码补码是相同的

C. 整数在计算机中只能用定点数表示，不能用浮点数表示

D. 相同长度的浮点数和定点数，前者可表示的数的范围要比后者大得多

分析：实数是既有整数又有小数的数，整数和纯小数都可以看成是实数的特例，均可用浮点数表示，所以C是错误的。

答案：C

【例13】 数据传输速率指实际进行数据传输时，单位时间内传送的二进位数目，下列哪项一般不用做它的计量单位。

A. Kb/s　　B. Mb/s　　C. KB/s　　D. Kbps

分析：“b”表示位，是组成二进制信息的最小单位，“B”表示字节。数据传输速率的度量单位是每秒多少比特，通常使用“千位/秒”(Kb/s)、“兆位/秒”(Mb/s)或“千兆位/秒”(Gb/s)作为计量单位。

答案：C

【例14】 在下列字符中，其ASCII码值最大的一个是________。

A. Z　　B. 9　　C. 空格字符　　D. a

分析：根据ASCII码表的安排顺序是：空格字符，数字符，大写英文字符，小写英文字符。所以，在这四个选项中，小写字母a的ASCII码值是最大的。

答案：D

二、是非题分析

【例1】 计算机中1K字节表示的二进制位数是8×1 024。

分析:一个字节包含有8个二进制位,而1 KB=2^{10}字节=1 024 B,所以1K字节表示的二进制位数是8×1 024。

答案:Y

【例2】 当两个多位的二进制信息进行逻辑运算时,与十进制中类似,低位会给高位进位。

分析:当两个多位的二进制信息进行算术运算时,需要按逢二进一的原则进位。但进行逻辑运算时,则是按位独立进行,即每一位不受同一信息的其他位的影响。

答案:N

【例3】 带符号的整数,其符号位一般在最高位。

分析:带符号的整数必须使用一个二进位作为其符号位,一般总是最高位(最左面的一位),"0"表示"+"(正数),"1"表示"-"(负数),其余各位则用来表示数值的大小。

答案:Y

【例4】 16个二进制位表示的正整数的取值范围是0~216。

分析:16个二进制位表示的最小正整数是0,表示的最大正整数是$2^{16}-1$。

答案:N

三、填空题分析

【例1】 一个非零的无符号二进制整数,若在其右边末尾加上四个"0"形成一个新的无符号二进制整数,如果不考虑溢出,则新的数是原来数的________。

分析:在右边加四个"0",则新数变为原来的 $2^4=16$ 倍。

答案:16倍

【例2】 若十进制数"-57"在计算机内部表示为11000111,则其表示方式为________。

分析:-57转化为二进制数为:10111001。

负数的反码是:符号位取1,其余各位按其真值取反(即0变1,1变0)。

负数的补码是:符号位取1,其余各位按其真值取反,然后在它的末位加1。

$(-57)_{原}=10111001$,$(-57)_{反}=11000110$,$(-57)_{补}=11000111$

答案:补码

自我检测

一、判断题

1. 当前计算机中使用的集成电路绝大部分是模拟电路。
2. 整数在计算机中的表示常用最高位作为其符号位,用"1"表示"+"(正数),"0"表示"-"(负数),其余各位则用来表示数值的大小。
3. 30多年来,集成电路技术的发展,大体遵循着单块集成电路的集成度平均每18~24个月翻一番的规律,这就是著名的Moore定律。

4. 集成电路的集成度与组成逻辑门电路的晶体管尺寸有关，尺寸越小，集成度越高。
5. 计算机中的整数分为不带符号的整数和带符号的整数两类，前者表示的一定是正整数。
6. 计算机中二进位信息的最小计量单位是“比特”，用字母“b”表示。
7. 所谓集成电路，指的是在半导体单晶片上制造出含有大量电子元件和连线的微型化电子电路或系统。
8. 信息技术是指用来取代人的信息器官功能，代替人们进行信息处理的一类技术。
9. 信息是人们认识世界和改造世界的一种基本资源。
10. 在计算机网络中传输二进制信息时，经常使用的速率单位有“Kb/s”、“Mb/s”等。其中，1 Mb/s=1 000 Kb/s。
11. 早期的电子技术以真空电子管作为其基础元件。

二、选择题

1. 计算机利用电话线向其他设备发送数据时，需使用数字信号调整载波的某个参数，才能远距离传输信息。所用的设备是________。
   A. 调制器　　B. 解调器　　C. 编码器　　D. 解码器
2. 将十进制数 89.625 转换成二进制数表示，其结果是________。
   A. 1011001.101　　B. 1011011.101　　C. 1011001.011　　D. 1010011.1
3. 与信息技术中的感测、通信等技术相比，计算与存储技术主要用于扩展人的________的功能。
   A. 感觉器官　　B. 神经系统　　C. 大脑　　D. 效应器官
4. 数字通信系统的数据传输速率是指单位时间内传输的二进位数目，一般不采用________作为它的计量单位。
   A. KB/s　　B. Kb/s　　C. Mb/s　　D. Gb/s
5. 逻辑运算中的逻辑加常用符号________表示。
   A. ∨　　B. ∧　　C. －　　D. •
6. 下列说法错误的是________。
   A. IC 的制造过程大多采用硅平面工艺
   B. 当前计算机内存储器使用的是一种具有信息存储能力的磁性材料
   C. 当前计算机的 CPU 通常由数千万到数亿晶体管组成
   D. 雷达的精确定位和导航、巡航导弹的图像识别等，都使用微电子技术实现
7. 最大的 10 位无符号二进制整数转换成八进制数________。
   A. 1 023　　B. 1 777　　C. 1 000　　D. 1 024
8. 对两个 1 位的二进制数 1 与 1 分别进行算术加、逻辑加运算，其结果用二进制形式分别表示为________。
   A. 1,10　　B. 1,1　　C. 10,1　　D. 10,10
9. 二进制数 10111000 和 11001010 进行逻辑与运算，结果再与 10100110 进行或运算，最终结果的十六进制形式为________。
   A. A2　　B. DE　　C. AE　　D. 95
10. 关于定点数与浮点数的叙述中，错误的是________。
    A. 同一个数的浮点数表示形式并不唯一

B. 长度相同时,浮点数的表示范围通常比定点数大

C. 整数在计算机中用定点数表示,不能用浮点数表示

D. 计算机中实数是用浮点数来表示的

11. 某次数据传输共传输了 10 000 000 字节数据,其中有 50 bit 出错,则误码率约为________。

A. 5.25 乘以 10 的－7 次方　　B. 5.25 乘以 10 的－6 次方

C. 6.25 乘以 10 的－7 次方　　D. 6.25 乘以 10 的－6 次方

12. 下列不同进位制的四个数中,最小的数是________。

A. 二进制数 1100010　　B. 十进制数 65

C. 八进制数 77　　D. 十六进制数 45

13. 下面关于集成电路(IC)的叙述中,错误的是________。

A. 集成电路是在晶体管之后出现的

B. 集成电路的许多制造工序必须在恒温、恒湿、超洁净的无尘厂房内完成

C. 集成电路使用的都是金属导体材料

D. 集成电路的工作速度与组成逻辑门电路的晶体管尺寸有密切关系

14. 下列关于比特的叙述中,错误的是________。

A. 比特是组成数字信息的最小单位

B. 比特只有“0”和“1”两个符号

C. 比特既可以表示数值和文字,也可以表示图像或声音

D. 比特“1”大于比特“0”

15. 下列关于集成电路的说法中,错误的是________。

A. 集成电路是现代信息产业的基础之一

B. 集成电路大多在硅(Si)衬底上制作而成

C. 集成电路的特点是体积小、重量轻、可靠性高

D. 集成电路的工作速度与组成逻辑门电路的晶体管尺寸无关

16. 下列逻辑运算规则的描述中,________是错误的。

A. 0.OR.0＝0　　B. 0.OR.1＝1

C. 1.OR.0＝1　　D. 1.OR.1＝2

17. 现代数字计算机中采用二进制计数系统的原因与________无关。

A. 运算规则简单

B. 数据采用比特表示,可进行多种方式“数据压缩”

C. 易于物理实现

D. “0”、“1”表示的比特串便于人们阅读

三、填空题

1. 对两个逻辑值 1 进行逻辑加操作的结果是________。

2. 采用某种进制表示时,如果 4×5＝17,那么 3×6＝________。

3. 十进制数 205.5 的八进制数表示为________。

4. 11 位补码可表示的整数的数值范围是－1 024～________。

5. 在表示计算机内存储器容量时,1 GB 等于________MB。

6. 与十六进制数FF等值的二进制数是________。
7. 理论上讲，若一个优盘的USB接口传输速度是400 Mb/s，那么存储一个大小为1 GB的文件大约需要________秒(取近似整数)。
8. 9位原码可表示的带符号位的整数范围是________。
9. 设内存储器的容量为1 MB，若首地址的十六进制表示为00000，则末地址的十六进制表示为________。
10. 在计算机系统中，处理、存储和传输信息的最小单位是________，用小写字母b表示。
11. 在两个条件同时满足的情况下，结论才能成立，相对应的逻辑运算是________运算。

第2章　计算机组成原理

内容提要

2.1　计算机的组成与分类

计算机硬件主要包括中央处理器(CPU)、内存储器、外存储器、输入设备和输出设备等,它们通过系统总线互相连接。

1. 中央处理器(CPU)

处理器,能高速地进行算术运算和逻辑运算,负责对输入信息进行各种处理。

中央处理器(CPU),包含运算器和控制器。承担系统软件和应用软件运行任务的处理,CPU是任何一台计算机必不可少的核心组成部件(一台计算机中有多个处理器,它们各有其不同的任务)。

并行处理和多处理器系统,使用多个CPU(2、4、8或更多)实现超高速计算的技术称为并行处理,采用这种技术的计算机系统称为多处理器系统。

2. 内存储器

内存储器的一些特点:

(1) 存取速度快、容量相对小、价格相对高;

(2) 直接与CPU相连接(CPU可直接访问);

(3) 易失性,用于存放已经启动运行的程序和需要立即处理的数据以及产生的结果;

(4) 存储介质:半导体芯片。

3. 外存储器

外存储器的一些特点:

(1) 存取速度慢、容量相对大、价格相对低;

(2) 不直接与CPU相连接(CPU不能直接访问,其中存储的程序及相关数据必须先送入内存,才能被CPU使用);

(3) 非易失性,用于长期存放各类信息;

(4) 存储介质:磁盘、光盘、磁带等。

4. 总线

总线(bus)是用于在CPU、内存、外存和各种输入输出设备之间传输并协调它们工作的一种部件(含传输线和控制电路)。

其主要组成部分是用于在各部件间运载信息的一组(或多组)公用的传输线。

CPU总线(前端总线):连接CPU和内存;I/O总线:连接内存和I/O设备(包括外

存)。

5. 计算机的分类

按内部逻辑结构分为：单处理机、多处理机(并行机)。

按字长分为：16位机、32位机和64位计算机等。

按计算机的性能、用途和价格分为：

巨型计算机(Supercomputer)；

大型计算机(Mainframe)；

小型计算机(Minicomputer)；

个人计算机(Personal Computer)。

6. 微处理器

微处理器简称up或Mp，通常指使用单片大规模集成电路制成的、具有运算和控制功能的部件。还有一种将处理器、存储器、输入/输出接口电路等都集成在单块芯片上的大规模集成电路，称为微控制器，也叫单片机，它们多半以嵌入方式大量使用在智能仪表、智能玩具、外围设备、数字家电和通信设备等产品中。

2.2 CPU的逻辑结构与原理

1. CPU的结构

CPU的结构主要由三个部分组成：寄存器组、运算器、控制器。

(1) 寄存器组

它由十几个甚至几十个寄存器组成。寄存器的速度很快，它们用来临时存放参加运算的数据和运算得到的中间(或最后)结果。需要运算器处理的数据总是预先从内存传送到寄存器；运算结果不再需要继续参加运算时，就从寄存器保存到内存。

(2) 运算器

用来对数据进行加、减、乘、除或者与、或、非等各种基本的运算和逻辑运算，所以也称为算术逻辑部件(ALU)。

(3) 控制器

控制器是CPU的指挥中心。

控制器有一个指令计数器，用来存放CPU正在执行的指令的地址，CPU将按照该地址从内存读取所要执行的指令。控制器中还有一个指令寄存器，它用来保存当前正在执行的指令，通过译码器解释该指令的含义，控制运算器的操作，记录CPU的内部状态等。

2. 指令与指令系统

大多数情况下，指令由两个部分组成，格式如下：

操作码	操作数地址

操作码：表示计算机应执行何种操作的一个二进制代码。

操作数地址：表示该指令所操作(处理)的数据(直接数)或数据所在存储单元的地址。

由于每种类型的CPU都有自己的指令系统，因此某一类计算机的可执行程序代码未必能在其他计算机上运行,这个问题称之为计算机的“兼容性”问题。

同一公司的CPU产品通常“向下兼容”——新型号的处理器在旧型号处理器指令系统的基础上进行扩充。

不同公司生产的CPU各自有自己的指令系统,它们之间未必互相兼容。例如,Pentium与Power PC不兼容,与AMD或Cyrix公司的微处理器兼容。

3. CPU的性能指标

(1) 字长(位数)

指的是CPU中定点运算器的宽度(即一次能同时进行二进制整数运算的位数)。

(2) 主频(CPU时钟频率)

指CPU中电子线路的工作频率,它决定CPU芯片内部数据传输与操作速度的快慢,主频越高,执行一条指令需要的时间就越少,CPU的处理速度就越快。

(3) CPU总线速度

CPU总线的工作频率和数据线宽度决定CPU与内存之间传输数据的速度快慢,总线速度快,CPU访问内存的时间也可相应加快。

(4) 高速缓存(Cache)的容量与结构

它是介于高速CPU和相对低速的主存之间的存储器。

程序运行过程中,高速缓存有利于减少CPU访问内存的次数,Cache容量越大、级数越多,命中率就越高,CPU运行速度就越快。

(5) 指令系统

指令的类型和数目、指令的功能等都会影响程序的执行速度。

(6) 逻辑结构

CPU包含的定点运算器和浮点运算器数目、是否具有数字信号处理功能、有无指令预测和数据数据预测功能、流水线结构和级数等对指令执行的速度均有影响。

2.3 PC主机的组成

1. 计算机的主板

主板又称母板,在主板上通常安装有CPU插座(或插槽)、CPU调压器、主板芯片组、存储器插座、总线插槽、ROMBIOS、时钟/CMOS、电池、超级I/O芯片等。

CPU和存储器芯片分别通过主板上的CPU插座和存储器插座安装在主板上。

计算机常用外围设备主要通过一些扩充卡(例如声卡、视频卡等,也叫做适配器或控制器)与主板相连,扩充卡通过卡上的印刷插头插在主板上的PCI总线插槽中,许多扩充卡的功能可以部分或全部集成在主板上。

主板上还有两块特别有用的集成电路:一块是只读存储器(ROM),其中存放的是基本输入/输出系统(BIOS);另一块集成电路芯片是CMOS存储器,其中存放着用户对计算机硬件所设置的一些参数(称为配置信息)。

主板的物理尺寸已经标准化。

2. 芯片组

芯片组是PC各组成部分相互连接和通信的枢纽,既实现计算机总线的功能,又提供各种I/O接口及相关控制。

芯片组由北桥芯片和南桥芯片组成。北桥芯片是存储控制中心,用于高速连接CPU、内存条等,南桥芯片是I/O控制中心,主要与PCI总线槽、USB接口等连接。

芯片组决定了主板上所能安装的内存最大容量、速度及可使用的内存条类型。

3. BIOS

BIOS(Basic Input/Output System):基本输入/输出系统,是操作系统最底层部分的可执行程序代码。BIOS存放在只读存储器芯片(ROM)中,一般称为BIOS芯片。

BIOS主要包含四部分的程序,一般情况下是不能被修改的。

(1) POST(Power On Self Test,加电自检)程序:检测计算机故障;

(2) 系统自举(装入)程序:启动计算机;

(3) CMOS设置程序;

(4) 基本外围设备的驱动程序:实现常用外部设备输入输出操作的控制程序。

4. CMOS芯片

存放用户对计算机硬件所设置的一些参数(称为配置信息),包括当前的日期和时间等。CMOS是一种半导体存储器芯片,使用电池供电,成为非易失性存储器,只要电池供电正常,即使计算机关机后,它也不会丢失所存储的信息以及时钟停走。

5. 存储器

存储器是计算机的记忆装置,用于存储程序和数据等各种信息。存储器分为内存储器和外存储器两大类,内存储器由成为存储器芯片的半导体集成电路组成。

(1) 只读存储器(ROM)

只读存储器(ROM)的特点是:存储的信息只能读取,不能写入;断电后,ROM中的信息不会丢失。目前使用最多的是Flash ROM(快擦除ROM,或闪存),它使用电来擦除原有信息,可使用在相机和优盘中。

(2) 随机存储器(RAM)

随机存储器(RAM)是易失性存储器,其特点是:可以随机读取或写入信息;计算机一旦断电后,RAM中的信息将全部丢失,且不可恢复。随机存储器可分为静态随机存储器(SRAM)和动态随机存储器(DRAM)两种。

SRAM的优点是:存取速度快,不需要刷新,工作状态稳定;SRAM的缺点是:集成度较低,价格昂贵。因此SRAM常用作高速缓冲存储器。

DRAM的优点是:集成度高,功耗低,价格便宜;DRAM的缺点是:存储速度慢,需要不断地刷新。因此DRAM常用作主存储器。

6. 高速缓冲存储器(Cache)

在PC中,CPU的速度在不断提高,而内存的存储速度却慢于CPU。为了能够解决内存与CPU速度不匹配的问题,并且更快地存取数据,产生了位于CPU与内存之间的高速缓冲存储器Cache。Cache的存储速度与CPU相当,因此,只要将内存中当前常用的信息放在Cache中,当CPU向内存读取信息时,就会首先访问Cache,存取速度也就随之迅速提高。

7. I/O操作

I/O操作的任务是将输入设备输入的信息送入内存的指定区域,或者将内存指定区域的内容送出到输出设备。I/O操作与CPU的数据处理操作往往是并行进行的,多个I/O设备必须能同时进行工作。

8. I/O 总线

指计算机各部件之间传输信息的一组公用信号线。

I/O 总线上的信号类别：数据信号、地址信号、控制信号。

I/O 总线上线路类别：数据线、地址线、控制线。

总线控制器：位于主板的芯片组中，协调与管理 I/O 总线操作。

I/O 总线的带宽(总线的数据传输速率)：单位时间内，总线上可传送的数据量(字节数)。

9. I/O 接口

计算机中用于连接 I/O 设备的各种插头/插座以及相应的通信规程和电器特性，称为 I/O 设备接口，简称 I/O 接口。

从数据传输方式来看，I/O 接口可分为串行和并行；

从数据传输速率来看，I/O 接口可分为低速和高速；

从是否能连接多个设备来看，I/O 接口可分为总线式和独占式；

从是否符合标准来看，I/O 接口可分为标准接口与专用接口。

10. USB 接口

USB 通用串行总线式接口的特点是：高速、可连接多个设备、串行传输；使用四线连接器，体积小，符合即插即用规范；最多连接 127 个设备；可通过 USB 接口由主机向外设提供电源；支持热拔插。

2.4 常用输入设备

1. 键盘

键盘与主机的接口有多种形式，一般采用的是 AT 接口或 PS/2 接口，比较新的产品使用 USB 接口。无线键盘采用的是无线接口，它与计算机主机之间没有直接的物理连线，而是通过红外线或无线电波将输入信息传送给主机上安装的专用接收器。

2. 鼠标

鼠标的技术指标之一是分辨率，用 dpi(dot per inch)表示，它指鼠标每移动一英寸距离可分辨的点的数目。分辨率越高，定位精度越好，过去鼠标的分辨率为 300～400 dpi，现在可达到 600～800 dpi。

鼠标的结构有多种多样：最早是机械式鼠标，接着出现的是光机式鼠标，现在流行的是光学鼠标。

鼠标与主机的接口有三种：EIA－232 串行接口(9 针 D 型插头座)；PS/2 接口；USB 接口；无线接口。

与鼠标作用类似的设备还有操纵杆和触摸屏。操纵杆经常用于游戏的控制；触摸屏应用于博物馆、酒店大堂里安装的多媒体电脑上，供用户查询信息。

3. 扫描仪

按扫描仪的结构来分，扫描仪可分为手持式、平板式、胶片专用和滚筒式等。

(1) 扫描仪的分辨率

它反映了扫描仪扫描图像的清晰程度，单位是用每英寸生成的像素数目(dpi)来表示，如300×600 dpi、600×1 200 dpi、1 200×2 400 dpi 等。

(2) 色彩位数(色彩深度)

它反映了扫描仪对图像色彩的辨析能力,色彩位数越多,扫描仪所能反映的色彩就越丰富,扫描的图像效果也越真实。色彩位数可以是 24 位、30 位、36 位、42 位、48 位等。

(3) 扫描幅面

指允许被扫描原稿的最大尺寸,例如 A4、A4 加长、A3、A1、A0 等。

(4) 与主机的接口

通常有 SCSI 接口、USB 接口和最新的 IEEE1394 接口。

4. 数码相机

数码相机(digital camera)是除扫描仪之外的另一种重要的图像输入设备。数码相机又称数字相机,与传统照相机相比,它不需要胶卷和暗房,便能直接将照片以数字形式记录下来,并输入电脑进行处理,或通过打印机打印出来,或与电视机连接进行浏览。

2.5　常用输出设备

1. 显示器

计算机显示器通常由两部分组成:监视器和显示控制器。

显示控制器在 PC 中多半做成扩充卡的形式,所以也叫做显示卡、图形卡或者视频卡。有些 PC 的主板上已包含有显示卡。

显示卡主要由显示控制电路、绘图处理器、显示存储器和接口电路四个部分组成。绘图处理器是显示卡的核心。显示存储器又称帧存储器、刷新存储器,或简称 VRAM,它用于存储显示屏上所有像素的颜色信息。

计算机使用的显示器主要有两类:CRT 显示器和液晶显示器。

2. 显示器的性能指标

(1) 显示器的尺寸

目前,常用的显示器有 15 英寸、17 英寸、19 英寸、21 英寸等。显示屏的水平方向与垂直方向之比一般为 4∶3。

(2) 显示器的分辨率

分辨率是衡量显示器的一个重要指标,它指的是整屏可显示像素的多少,一般用水平分辨率×垂直分辨率来表示,例如 1 024×768、1 280×1 024 等。

(3) 刷新速率

刷新速率指所显示的图像每秒钟更新的次数。刷新频率越高,图像的稳定性越好。PC 显示器的画面刷新速率一般在 85 Hz 以上。

(4) 可显示颜色数目

一个像素可显示出多少种颜色由表示这个像素的二进制位数决定,彩色显示器的彩色是由三个基色 R、G、B 合成而得到的,因此是 R、G、B 三个基色的二进制位数之和决定可显示颜色的数目。例如,R、G、B 分别用 8 位表示,则它就有 2^{24},约 1680 万种不同的颜色。

3. 打印机

打印机也是 PC 的一种主要输出设备,它能将程序、数据、字符、图形打印在纸上。目前使用较广的打印机有针式打印机、激光打印机和喷墨打印机三种。

(1) 针式打印机

针式打印机是一种击打式打印机,打印质量不高,工作噪声大,主要应用于打印存折和票据等领域。

(2) 激光打印机

激光打印机是激光技术与复印技术相结合的产物,它是一种高质量、高速度、低噪声、价格适中的输出设备。激光打印机可分为黑白和彩色两种。

激光打印机大多数使用并行接口或USB接口,一些高速激光打印机则使用SCSI接口。

(3) 喷墨打印机

喷墨打印机也是一种非击打式输出设备,它的优点是:能输出彩色图像,经济,低噪音,打印效果好,使用低电压不产生臭氧,有利于保护办公室环境等。

按打印头的工作方式,喷墨打印机可以分为压电喷墨技术和热喷墨技术两大类。

按照喷墨材料的性质,喷墨打印机又可以分为水质料、固态油墨和液态油墨等类型。

4. 打印机的性能指标

打印机的性能指标主要是打印精度、打印速度、色彩数目和打印成本等。

(1) 打印精度

打印精度也就是打印机的分辨率,它用dpi(每英寸可打印的点数)来表示,是衡量图像清晰程度最重要的指标。300 dpi是人眼分辨文本与图形边缘是否有锯齿的临界点,再考虑到其他一些因素,可以得出结论:360 dpi以上的打印效果才能基本令人满意。

针式打印机的分辨率一般只有180 dpi;激光打印机的分辨率最低是300 dpi,有的产品为400 dpi、600 dpi、800 dpi,甚至达到1 200 dpi;喷墨打印机分辨率一般可达300~360 dpi,高的能达到720 dpi以上。

(2) 打印速度

针式打印机的打印速度用CPS(每秒打印的字符数目)来衡量,一般为100~200 CPS;激光打印机和喷墨打印机是一种页式打印机,它们的速度单位是每分钟打印多少页纸(PPM),家庭用的低速打印机大约为4 PPM;办公使用的高速激光打印机速度可达到10 PPM以上。

(3) 色彩数目

色彩数目是指打印机可打印的不同色彩的总数。

2.6 外存储器

1. 硬盘存储器

硬盘存储器由磁盘盘片(存储介质)、主轴与主轴电机、移动臂、磁头和控制电路等组成,它们全部密封于一个盒状装置内,这就是通常所说的硬盘驱动器。

2. 硬盘接口

主机与硬盘的接口,其功能是在主机与硬盘驱动器之间提供一个数据、地址和控制信号的高速通道,实现主机对硬盘驱动器的各种控制,完成主机与硬盘之间的数据交换。

硬盘接口主要有两大类:IDE接口和SCSI接口。

PC使用的硬盘接口主要是IDE接口，为了提高IDE接口的数据传输速度，IDE接口经历了多次改进，相继出现了ATA-2、ATA-3和Ultra ATA(ATA-4)接口，目前流行的IDE硬盘差不多都采用了Ultra ATA接口。

SCSI(小型计算机系统接口)接口使用一根50芯的扁平电缆，可串接多种外部设备。选用SCSI接口必须在主机中配置SCSI适配器及相应的驱动程序。SCSI接口的硬盘数据传输速度快，CPU占用率低，能支持更多的设备在多任务方式下工作。但SCSI接口的硬盘较贵，还需要购买SCSI卡，安装也不是十分方便，比较适用于服务器之类的计算机。

3. 硬盘存储器的性能指标

衡量硬盘存储器性能的主要技术指标有如下几个：

(1) 容量

硬盘的存储容量现在以千兆字节(GB)为单位，目前，计算机硬盘单碟容量大概在40～100 GB，硬盘中的存储碟片一般有1～4片，其存储容量为所有单碟容量之和。

存储容量 = 磁头数(记录面)×柱面数(磁道)×扇区数(区)×512字节

(2) 平均等待时间

平均等待时间指数据所在的扇区转到磁头下的平均时间，它是盘片旋转周期的1/2。

目前，主流硬盘的转速多为5 400 rpm、7 200 rpm和10 000 rpm，因此，平均等待时间大约在3～6 ms。

(3) 平均寻道时间

平均寻道时间是指将磁头移动到数据所在磁道(柱面)所需要的平均时间，这是衡量硬盘机械能力的重要指标，一般在5～10 ms。

(4) 平均访问时间

硬盘的平均访问时间是平均寻道时间与平均等待时间之和，它表示硬盘找到数据所在扇区所需要的平均时间。平均访问时间最能代表硬盘找到某一数据所用的时间，需要注意，不少硬盘的产品广告中所说的平均访问时间是用平均寻道时间代替的。

(5) Cache容量

高速缓冲存储器Cache能有效地提高硬盘的数据传输性能，理论上讲，Cache是越快越好、越大越好。目前，硬盘的缓存容量一般为1 MB或2 MB，有的已达到8 MB。

(6) 数据传输速率

数据传输速率分为外部传输速率和内部传输速率。

通常称外部传输速率为突发数据传输速率或接口传输速率，指主机从(向)硬盘缓存读取(写入)数据的速度，它与采用的接口电路有关，一般为66～100 MB/s。

内部传输速率也称持续传输速率，指硬盘在盘片上读写数据的速度，现在的硬盘大多在20 MB/s到30 MB/s之间。由于硬盘的内部传输速率要小于外部传输速率，所以内部传输速率的高低才是评价一个硬盘整体性能的决定性因素。一般来说，硬盘转速相同时，单碟容量越大，则硬盘的内部传输速率越高；在单碟容量相同时，转速高的硬盘内部传输速率也高。

4. 移动硬盘

目前，广泛使用的移动存储器有闪存盘和移动硬盘两种。

(1) 闪存盘

闪存盘也称为优盘或U盘,它采用Flash存储器(闪存)技术,体积很小,重量很轻,容量可以按需要而定(例如8 MB～2 GB),具有写保护功能,数据保存安全可靠,使用寿命可长达数年,利用USB接口,闪存盘可以与几乎所有计算机连接。

(2) 移动硬盘

所谓移动硬盘,主要指采用USB或IEEE1394接口、可以随时插上或拔下、小巧而便于携带的硬盘存储器,通常它是由笔记本电脑的硬盘加上特制的配套硬盘盒构成的一个大容量存储系统。

5. 光盘

光盘存储器具有记录密度高、存储容量大、采用非接触方式读写信息、信息可长期保存等优点。

6. 光盘存储器的发展

第1代CD光盘存储器采用红外光,容量约为650 MB;

第2代DVD光盘存储器采用红光,单层盘片的容量为4.7 GB;

第3代BD光盘存储器采用蓝光,单层盘片的容量为25 GB。

7. 光盘驱动器的类型

按信息读写能力分:只读光驱、可写光驱(光盘刻录机)。

按可处理盘片类型进一步分为:

(1) CD只读光驱

(2) CD刻录机

(3) DVD只读光驱

(4) DVD刻录机

(5) DVD只读/CD刻录机组合而成的“康宝”

(6) BD(Blue-ray Disc)只读光驱

(7) BD刻录机

8. 光盘片的类型

(1) CD盘片

① 只读盘片(CD-ROM)

② 一次性可写盘片(CD-R)

③ 可擦写盘片(CD-RW)

(2) DVD盘片

① 只读盘片(DVD)

② 一次性可写盘片(DVD-R,DVD+R)

③ 可擦写盘片(DVD-RW,DVD+RW,DVD-RAM)

(3) 蓝光盘片

① 只读盘片(BD)

② 一次性可写盘片(BD-R)

③ 可擦写盘片(BD-RW)

例题分析

一、选择题分析

【例 1】 计算机根据运算速度、存储能力、功能强弱、配套设备等因素可划分为________。

A. 台式计算机、便携式计算机、膝上型计算机

B. 电子管计算机、晶体管计算机、集成电路计算机

C. 巨型机、大型机、中型机、小型机和微型机

D. 8 位机、16 位机、32 位机、64 位机

分析：根据计算机所采用的电子元器件的不同，可将计算机划分为：电子管计算机、晶体管计算机和集成电路计算机；微型计算机按字长划分，可分为：8 位机、16 位机、32 位机、64 位机；而微型计算机按体积大小划分，又可分为：台式计算机、便携式计算机、膝上型计算机；计算机根据运算速度、存储能力、功能强弱、配套设备等因素，可划分为：巨型机、大型机、中型机、小型机和微型机。

答案：C

【例 2】 下面有关计算机的叙述中，正确的是________。

A. 计算机的主机只包括 CPU

B. 计算机程序必须装载到内存中才能执行

C. 计算机必须装有硬盘才能工作

D. 计算机键盘上字母键的排列方式是随机的

分析：计算机硬件系统包括主机和外部设备，主机包括 CPU 和内存两部分；硬盘是外存，并不是必需的设备，如可以从软驱启动计算机、运行软盘上的程序等；计算机键盘上的字母键是为了方便用户操作计算机，并加快录入速度而优化排列的；CPU 只能直接访问内存，要运行程序，第一步必须将程序装载到内存中。

答案：B

【例 3】 下列叙述中错误的一项是________。

A. 内存容量是指微型计算机硬盘所能容纳信息的字节数

B. 微处理器的主要性能指标是字长和主频

C. 微型计算机应避免强磁场的干扰

D. 微型计算机机房湿度不宜过大

分析：硬盘是外存而不是内存。

答案：A

【例 4】 电子计算机工作最重要的特征是________。

A. 高速度　　B. 高精度

C. 存储程序自动控制　　D. 记忆力强

分析：现代的计算机都是采用冯·诺依曼原理，该原理的思想是控制计算机进行操作的程序预先以二进制的形式存放在计算机中，程序执行的数据也是以二进制的形式存放在

计算机中,计算机在程序的控制下一步一步地执行,而不需要人的干预。存储程序和程序自动控制是该原理的核心,也是电子计算机工作最重要的特征。

答案:C

【例5】 在电脑控制的家用电器中,有一块用于控制家用电器工作流程的大规模集成电路芯片,它将处理器、存储器、输入/输出接口电路等都集成在一起,这块芯片是________。

A. 微处理器　　B. 内存条　　C. 微控制器　　D. ROM

分析:微处理器简称up或Mp,通常指使用单片大规模集成电路制成的、具有运算和控制功能的部件。一种将处理器、存储器、输入/输出接口电路等都集成在单块芯片上的大规模集成电路,称为微控制器,也叫单片机,它们多半以嵌入方式大量使用在智能仪表、智能玩具、外围设备、数字家电和通信设备等产品中。

答案:C

【例6】 CPU正在运行的程序和需要立即处理的数据存放在________中。

A. 磁盘　　B. 硬盘　　C. 内存　　D. 光盘

分析:内存的存取速度快而容量相对较小,它与CPU直接相连,用来存放等待CPU运行的程序和处理的数据;外存的存取速度较慢而容量相对很大,它与CPU并不直接连接,用于永久性地存放计算机中几乎所有的信息;硬盘和光盘都属于外存,而磁盘是一种统称,故选C。

答案:C

【例7】 在下列有关CPU(中央处理器)与Pentium微处理器的叙述中,错误的是________。

A. CPU除包含运算器和控制器以外,一般还包含若干个寄存器

B. CPU所能执行的全部指令的集合,称为该CPU的指令系统

C. Pentium系列处理器在其发展过程中,其指令系统越来越丰富

D. Pentium处理器与Power PC处理器虽然产自不同的厂商,但其指令系统相互兼容

分析:同一公司生产的CPU,其指令系统向下兼容,不同公司生产的CPU,其指令系统,未必互相兼容,例如,IBM公司的Power PC微处理器与Pentium的指令系统有很大差别,互不兼容。但AMD或Cyrix公司的微处理器与Pentium的指令系统一致,因此它们互相兼容。

答案:D

【例8】 CPU是构成微型计算机的最重要部件,下列关于Pentium4的叙述中,错误的是________。

A. Pentium4除运算器、控制器和寄存器外,还包括Cache存储器

B. Pentium4运算器中有多个ALU

C. 每一种CPU都有它自己独特的一组指令

D. Pentium4的主频速度提高1倍,PC执行程序的速度也相应提高1倍

分析:主频是指提供给CPU工作的脉冲信号的频率。主频越高,CPU执行一条指令所用的时间就越短,速度就越快,但是,除了主频外,其他因素也会影响CPU的运算速度。例如,Cache的存储容量与速度、寄存器的数量、运算器的逻辑结构等。即便相同类型的CPU,当主频提高1倍时,Cache的存储容量与速度、寄存器的数量、运算器的性能等并不一

定也相应提高1倍，所以D错误。

答案：D

【例9】 正在编辑的Word文件因断电而丢失信息，原因是________。

A. 半导体RAM中信息因断电而丢失

B. 存储器容量太小

C. 没有执行Windows系统的关机操作

D. ROM中的信息因断电而丢失

分析：编辑Word文档时，写入的信息是首先存放在内存RAM中的，执行“保存”操作后会保存到硬盘上，而保存在RAM中的信息是断电后就丢失，保存在硬盘上的信息则是可以永久保存的(硬盘损坏除外)，故正在编辑的Word文件若还未来得及保存就突然断电，就会造成信息的丢失。

答案：A

【例10】 下面关于BIOS的叙述中，不正确的是________。

A. BIOS系统主要由POST、自举程序、CMOS设置程序和基本外围设备的驱动程序组成

B. BIOS是存放于ROM中的一组高级语言程序

C. BIOS中含有机器工作时部分驱动程序

D. 没有BIOS的计算机将不能正常工作

分析：BIOS是存放于ROM中的一组机器语言程序，故选B。

答案：B

【例11】 CPU和存储器芯片分别通过CPU插座和存储器插座安装在主板上，所以一般插在计算机主板的总线插槽中的小电路板称为________。

A. 网卡　　B. 扩展板卡或扩充卡

C. 主板　　D. 内存条

分析：PC常用设备主要通过一些扩充卡与主板相连，不过随着集成电路的发展，许多扩充的功能可以集成在主板上。

答案：B

【例12】 在PC中，音响通过声卡插在主板的________中。

A. PCI总线插槽　　B. I/O端口

C. USB口　　D. SIMM插槽

分析：PC常用外围设备主要通过一些扩充卡(例如声卡、视频卡等，也叫做适配器或控制器)与主板相连，扩充卡通过卡上的印刷插头插在主板上的PCI总线插槽中，所以答案为A。

答案：A

【例13】 PC的机箱外常有很多接口用来与外围设备进行连接，但________接口不在机箱外面。

A. USB　　B. 红外线　　C. IDE　　D. RS-232E

分析：IDE接口为一种并行的双向的接口，一般连接硬盘、光驱、软驱等设备，不在机箱外面。

答案:C

【例 14】 有关 Intel 的微处理器和其外部数据线数目,说法正确的是________。

A. 80486,16　　B. Pentium,32

C. PentiumPro,64　　D. Pentiumll,128

分析:Intel 的微处理器中,8086 和 80286 的外部数据线为 16 位的,386 及 486 为 32 位的,奔腾系列的均为 64 位的。

答案:C

【例 15】 下列的 I/O 接口中,使用并行传输方式的是________。

A. IDE　　B. SCSI　　C. PS/2　　D. A 和 B

分析:上述接口中,PS/2 为串行的,其余为并行的,常用的串行口还有 USB、IEEE 1394 等。

答案:D

【例 16】 I/O 操作的任务是将输入设备输入的信息送入主机,或者将主机中的内容送到输出设备。下面有关 I/O 操作的叙述中,正确的是________。

A. PC 中 CPU 通过执行输入指令和输出指令向 I/O 控制器发出启动 I/O 操作的命令,并负责对 I/O 设备进行全程控制

B. 同一时刻只能有 1 个 I/O 设备进行工作

C. 当进行 I/O 操作时,CPU 是闲置的

D. I/O 设备的种类多,性能相差很大,与计算机主机的连接方法也各不相同

分析:CPU 只通过执行输入指令和输出指令向 I/O 控制器发出启动 I/O 操作的命令,后面进行什么操作,CPU 是不管的,故 A 错;同一时刻可以有多个 I/O 设备同时工作,B 也错;一般来说,I/O 操作与 CPU 的工作是并行的,C 也错。

答案:D

【例 17】 根据存储器芯片的功能及物理特性,目前通常用作高速缓冲存储器(Cache)的是________。

A. SRAM　　B. DRAM　　C. SDRAM　　D. Flash ROM

分析:SRAM(静态随机存取存储器)与 DRAM 相比,它的电路复杂,集成度低,功耗较大,制造成本高,价格贵,但工作速度快,适合用作高速缓冲存储器(Cache)。

答案:A

【例 18】 根据存储器芯片的功能及物理特性,目前用作优盘存储器芯片的是________。

A. SRAM　　B. SDRAM　　C. EPROM　　D. Flash ROM

分析:SRAM(静态随机存取存储器)与 DRAM(动态随机存取存储器)相比,它的电路复杂,集成度低,功耗较大,制造成本高,价格贵,但工作速度很快,适合用作高速缓冲存储器 Cache;Flash ROM(快擦除 ROM,或闪存存储器)是一种新型的非易失性存储器,但又像 RAM 一样能方便地写入信息,Flash ROM 在 PC 中可以在线写入信息,但写入相对固定。由于芯片的存储量大,易修改,因此在计算机中用于存储 BIOS 程序,还可以使用在数码相机和优盘中。

答案:D

【例19】　I/O接口是指计算机中用于连接I/O设备的各种插头/插座，以及相应的通信规程及电气特性。在下列有关I/O总线与I/O接口的叙述中，错误的是________。

A. 计算机系统总线一般分为处理器总线和主板总线

B. PCI总线属于I/O总线

C. 计算机的I/O接口可分为独占式和总线式

D. USB是以并行方式工作的I/O接口

分析：USB是英文Uni Versal Serial Bus(通用串行总线)的缩写，它是一种可以连接多个设备的总线式串行接口。

答案：D

【例20】　关于计算机主板上的CMOS芯片，下面说法中正确的为________。

A. CMOS芯片是用来存储计算机系统中配置参数的，它是只读存储器

B. CMOS芯片是用来存储BIOS的，具有易失性

C. CMOS芯片是用来存储加电自检程序

D. CMOS芯片需要一个电池为它供电，否则其中的信息会因主机断电而丢失

分析：本题考查的是系统板上主要的组成部件。PC主板上的BIOS芯片是只读存储器，其中存放的是基本输入输出系统(BIOS)、CMOS设置程序、系统自举程序、而且还包括加电自检程序(POST)，另外，系统板上还有一个重要的芯片：CMOS存储器，里面存放的是用户对计算机配置所规定的各种参数，CMOS存储器是易失性的存储器，必须在系统板上装上电池以支持断电后的CMOS的工作。

答案：D

【例21】　一台计算机中存储器可以有“寄存器—快存(Cache)—主存—辅存—后援存储器”等五个不同层次。其中________的存取周期目前是毫秒级的。

A. 快存　　B. 主存

C. 辅存　　D. 后援(海量)存储器

分析：快存的存取周期一般为几到十几纳秒，主存的存取周期一般为几十纳秒，辅存的存取周期一般在毫秒级，后援(海量)存储器的存取周期一般在秒级。

答案：C

【例22】　高速缓存(Cache)是计算机中很重要的存储器之一，目前的Pentium系列计算机中的Cache通常分为两级。其中一级Cache是位于________中。

A. CPU芯片　　B. RAM芯片　　C. 硬盘　　D. 主板

分析：高速缓存(Cache)一般由CPU内的一级Cache和外加的二级Cache组成，Pentiumn以后二级Cache也被封装在CPU内。

答案：A

【例23】　与CPU执行的算术逻辑操作相比，I/O操作有许多不同的特点，下面有关I/O操作的叙述中，正确的是________。

A. I/O设备工作速度比CPU要快

B. 当进行I/O操作时，CPU是闲置的

C. I/O设备虽然种类繁多，但是与计算机主机的连接方式却基本是一致的

D. 多个I/O设备必须能同时进行工作

分析：多数 I/O 设备在操作过程中包含机械动作，其工作速度比 CPU 慢得多，为了提高系统的效率，I/O 操作与 CPU 的数据处理操作往往是并行进行的，所以 A、B 说法是不对的。

I/O 设备的种类繁多，性能各异，操作控制的复杂程度相差很大，与计算机主机的连接也各不相同，所以 C 也是不对的。

答案：D

【例 24】 输入设备用于向计算机输入命令和数据，它们是计算机系统必不可少的重要组成部分。在下列有关常见输入设备的叙述中，错误的是________。

A. 目前数码相机的成像芯片仅有一种，即 CCD 成像芯片

B. 扫描仪的主要性能指标包括分辨率、色彩位数和扫描幅面等

C. 目前，台式计算机普遍采用的键盘可直接产生一百多个按键编码

D. 鼠标器一般通过 PS/2 接口或 USB 接口与 PC 相连

分析：数码相机使用的成像芯片目前采用 CCD 器件居多数，像素数目在 200 万～300 万以下的普及型相机采用 CMOS 成像芯片，价格比较便宜。

答案：A

【例 25】 下列关于打印机的叙述，正确的是________。

A. 虽然打印机的种类有很多，但所有打印机的工作原理都是一样的，它们的生产厂家、时间、工艺不一样，因而产生了众多的打印机类型。

B. 所有打印机的打印成本都差不多，但打印质量差异较大。

C. 所有打印机使用的打印纸的幅面都一样，都是 A4 型号。

D. 使用打印机要安装打印驱动程序，一般驱动程序由操作系统自带，或在购买打印机时由生产厂家提供

分析：打印机的种类很多，可分为激光打印机、喷墨打印机等，其工作原理是各不一样的，故 A 的说法是不正确的。不同类型的打印机的打印成本是不一样的，打印效果也不一样，它们有着其不同的适用领域，故 B 错。打印机使用的纸有很多类型，除 A4 之外，还有 A3、B4 等，故 C 也不对。计算机接通电源后首先执行 POST 程序，然后执行 BIOS 程序，在此过程中，键盘、显示器、软驱和硬盘等常用外围设备都需要参与工作，因此，它们的驱动程序首先得放在 ROM 中，其他一些外围设备，如声卡、网卡、打印机等，可以在系统初步运行成功后从硬盘安装。

答案：D

【例 26】 下列关于打印机的叙述，错误的是________。

A. 喷墨打印机按打印头的工作方式可以分为压电喷墨技术和热喷墨技术两大类

B. 激光打印机多半使用串行接口和 USB 接口，有些高速激光打印机则使用 SCSI 接口

C. 针式打印机属于击打式打印机，由于打印质量不高、噪音大，现已逐渐退出市场，但其独特的平推式进纸技术，在打印存折和票据方面具有不可替代的优势

D. 喷墨打印机属于非击打式打印机，它的优点是能输出彩色图像、经济、低噪音、打印效果好等

分析：激光打印机大多数使用并行接口或 USB 接口。

答案：B

【例 27】　显示器的作用是将数字信息转换为光信息，最终将文字和图形/图像显示出来。在下列有关 PC 显示器的叙述中，错误的是________。

A. 目前出厂的台式 PC 大多数使用 AGP 接口连接显示卡

B. 彩色显示器上的每个像素由 RGB 三种基色组成

C. 与 CRT 显示器相比，LCD 的工作电压高、功耗小

D. 从显示器的分辨率来看，水平分辨率与垂直分辨率之比一般为 4∶3

分析：与 CRT 显示器相比，LCD 是一种固态器件，具有工作电压低，没有辐射危害，功耗小，不闪烁，适合大规模集成电路驱动，体积轻薄，易于实现大画面显示和全色显示等特点，已经广泛应用于便携式计算机、数码摄像机、移动计算工具等设备。

答案：C

【例 28】　显示器是 PC 不可缺少的一种输出设备，它通过显示控制卡（显卡）与 PC 相连。在下面有关 PC 显卡的叙述中，错误的是________。

A. 显示存储器大多做在显卡中，在物理上独立于系统内存

B. 显示屏上显示的信息预先都被保存在显卡的显示存储器中，通过显卡中的显示控制器传送到屏幕上

C. 目前显卡用于显示存储器和系统内存之间交换数据的接口大多数是 AGP 接口

D. 目前 PC 上使用的显卡其分辨率大多达到 1 024×768，但可显示的颜色数目一般不超过 65 536 种

分析：如果不考虑显示器本身的性能限制，那么在显示一幅图像时可出现的颜色数目的最大值是由显示存储器中存储每个像素的颜色信息时所用的二进制位数决定的。目前，大多数显示卡上的显示存储器都支持 24 位二进制数存储每个像素的颜色编码值，因此显示的颜色数目可达 2^{24}（称为真彩色），而 $2^{16}=65\,536$。

答案：D

【例 29】　下面几种说法中正确的是________。

A. CD-RW 为可多次读但只可写一次的光盘

B. CD-R 和 CD-ROM 类似，都只能读不能写

C. CD 盘记录数据的原理为：在盘上压制凹坑，凹坑边缘表示“0”，凹坑和非凹坑的平坦部分表示“1”

D. DVD 采用了更有效的纠错编码和信号调制方式，比 CD 可靠性更高

分析：CD-RW 为可多次读写的光盘，故 A 错；B 中的 CD-R 是可读可写的，但写入后不可修改；CD 盘的凹坑边缘表示“1”，凹坑和非凹坑的平坦部分表示“0”。

答案：D

【例 30】　假设某硬盘的转速为每分钟 6 000 转，则硬盘的平均等待时间应为________毫秒。

A. 5　　B. 10　　C. 15　　D. 600

分析：本题考查的是磁盘存储器的主要技术指标。平均等待时间是指需要读出或写入的扇区旋转到磁头下面的平均时间，由于硬盘的转速为 6 000 转/分，那么硬盘旋转一周的时间为 10 毫秒，平均等待时间为 5 毫秒。

答案：A

二、是非题分析

【例1】 一台计算机系统由CPU、主存储器、辅助存储器、输入输出设备与总线组成。

分析：计算机系统由硬件和软件两大部分组成。计算机的硬件组成主要包括CPU、内存储器、外存储器、输入和输出设备等。同时，CPU、内存、总线等构成了计算机的“主机”，输入/输出设备和外存等通常称为计算机的“外设”。

答案：N

【例2】 一台计算机有且只有一个处理器。

分析：负责对输入信息进行处理的部件称为计算机的处理器，一台计算机中往往有多个处理器，它们各有其不同的任务，有的用于绘图，有的用于通信，其中承担系统软件和应用软件运行任务的处理器称为中央处理器(CPU)，它是任何一台计算都机必不可少的核心组成部件。大多数计算机只包含一个CPU，为了提高处理速度，计算机也可以包含2个、4个、8个甚至几百个、几千个CPU。

答案：N

【例3】 Cache中的数据只是主存很小一部分内容的副本，因此，访问Cache的命中率一般很低。

分析：Cache是一种高速缓冲存储器，简称快速缓存或快存，它直接制作在CPU芯片内，因此速度几乎与CPU一样快，当CPU需要从内存读取数据或指令时，先检查Cache中有没有，如果有，就直接从Cache中读取，而不用访问主存。由此我们不难看出，访问Cache的命中率是很高的，Cache容量越大，访问Cache的命中率就越高，从而减少CPU等待取内存数据的时间，提高CPU执行效率。

答案：N

【例4】 存储器分为内存和外存。存取速度快、容量相对小、成本相对高的称之为内存；存取速度慢、容量相对大、成本相对低的称之为外存。

分析：内存是存取速度快而容量相对较小(因成本较高)的一类存储器，外存则是存取速度较慢而容量相对很大的一类存储器，CPU直接与内存相连，外存中的数据或程序只有调入内存才能被使用。

答案：Y

【例5】 RAM按工作原理的不同可分为DRAM和SRAM，并且SRAM的工作速度比DRAM的速度快。

分析：SRAM的优点是存取速度快，不需要刷新，工作状态稳定；SRAM的缺点是集成度较低，价格昂贵。DRAM的优点是集成度高，功耗低，价格便宜；DRAM的缺点是存储速度慢，需要不断刷新。

答案：Y

【例6】 硬盘属于内存的一部分。

分析：内存储器又称为主存储器，简称为内存或主存。内存位于主机的内部，容量较小，但它与运算器和控制器直接相连，能与CPU直接交换信息，因此存取速度较快。内存储器分为只读存储器(ROM)和随机存储器(RAM)两部分。目前，微机中内存容量一般指的是RAM的容量，硬盘、软盘、光盘都属于外部存储器。

答案：N

【例7】 指令是计算机工作的命令语言，计算机的功能通过指令系统反映出来。

分析：我们都知道使用计算机完成某个任务必须运行相应的程序。在计算机内部，程序是由一连串指令组成的，指令是构成程序的基本单位。指令采用二进位表示，它用来规定计算机执行什么操作。

答案：Y

【例8】 打印机可分为击打式和非击打式，其中针式打印机和激光打印机属于击打式打印机，喷墨打印机属于非击打式打印机。

分析：针式打印机属于击打式打印机，而激光打印机和喷墨打印机均属于非击打式打印机。

答案：N

【例9】 打印机等计算机外围设备的驱动程序是基本输入输出系统(BIOS)的一部分，保存在只读存储器中，因此，新款打印机由于驱动程序没有写入BIOS中，就不能被旧的计算机使用。

分析：旧的计算机的BIOS中已经包含有打印机的驱动程序，连接新款的打印机时，所需要的驱动程序与原来的是一样的，所以连接新的打印机依然可以工作。

答案：N

【例10】 USB接口是一种数据的高速传输接口，目前，通常连接的设备有移动硬盘、优盘、鼠标器、扫描仪等。

分析：USB是英文Universal Serial Bus(通用串行总线)的缩写，它是一种可以连接多个设备的总线式串行接口。USB接口使用4线连接器，它的插头比较小，不用螺钉连接，可方便地进行插拔，它符合“即插即用”(Plug & Play，即PnP)规范，在操作系统的支持下，用户无需手动配置系统就可以插上或者拔出一个使用的外围设备USB接口，计算机会自动识别该设备并进行配置，使其正常工作，同时USB接口还支持热插拔，即在计算机运行时(不需要关机)就可以插拔设备。一个USB接口最多能连接127个设备，这时必须使用“USB集线器”来扩展原来机器的USB接口，通常连接的设备有移动硬盘、优盘、鼠标器、扫描仪、打印机等。

答案：Y

三、填空题分析

【例1】 在CPU的三个组成部分中，寄存器用来临时存放的是________。

分析：寄存器用来临时存放参加运算的数据和运算得到的中间(或最后)结果；运算器用来对数据进行各种运算；控制器用来控制指令的执行。

答案：参加运算的数据和得到的中间结果

【例2】 在计算机的硬件组成中，连接CPU、内存、外存和各种输入/输出设备，并提供各部件之间信息传输与传输控制的部件是________。

分析：计算机系统由硬件和软件两大部分组成。计算机的硬件组成主要包括CPU、内存储器、外存储器、输入和输出设备等，用于在CPU、内存、外存和各种输入输出设备之间传输信息并协调它们工作的一种部件(含传输线和控制电路)是系统总线。

答案：系统总线

【例3】 指令是一种使用________表示的命令语言，它定义了计算机执行什么操作以及操作对象所在的位置。

分析:指令是计算机直接执行的命令语言,即可以被计算机直接识别,故它是用二进制表示的。

答案:二进制

【例4】 鼠标与主机的接口有三种,传统的鼠标采用________串行接口,现在的采用PS/2接口,还有一种USB鼠标器,它采用USB口。

分析:鼠标器的接口有多种类型,如传统的RS-232接口,现在的有PS/2接口以及USB接口,这三种接口都是串行的,不过RS-232和PS/2的传输速率都较低,USB接口为高速的,现在使用较为广泛。

答案:RS-232

【例5】 显示器所显示的信息每秒钟更新的次数称为________,这反映了显示器显示信息的稳定性。

分析:显示器的刷新速率指所显示的图像每秒钟更新的次数。刷新频率越高,图像的稳定性越好,PC显示器的画面刷新速率一般在85 Hz以上。

答案:刷新速率

自我检测

一、判断题

1. MOS型半导体存储器芯片可以分为DRAM和SRAM两种,其中SRAM芯片的电路简单,集成度高,成本较低,一般用于构成主存储器。
2. 计算机可以连接多种I/O设备,不同的I/O设备往往需要使用不同的I/O接口,同一种I/O接口只能连接同一种设备。
3. RAM按工作原理的不同可分为DRAM和SRAM,DRAM的工作速度比SRAM的速度快。
4. 存储容量是数码相机的一项重要指标,无论设定的拍摄分辨率是多少,对于特定存储容量的数码相机可拍摄的相片数量总是相同的。
5. 计算机的发展经历了四代,分代通常是按照计算机的生产时间为依据的。
6. 计算机在关机或断电时,ROM中的信息全部丢失。
7. 使用平板扫描仪输入信息时,放置被扫描的原稿时应正面朝上。
8. 随着计算机的不断发展,市场上的CPU类型也在不断变化,但它们必须采用相同的芯片组。
9. 现代计算机的存储体系结构由内存和外存构成,内存包括寄存器、Cache、主存储器和硬盘,它们读写速度快,生产成本高。
10. 一般来说,Cache的速度比主存储器的速度要慢。
11. 一个完整的计算机系统至少由四个基本部分组成,即软件、硬件、多媒体和网络。
12. 只有多CPU的系统才能实现多任务处理。

13. CMOS 芯片是一种易失性存储器，必须使用电池供电，才能在计算机关机后让它所存储的信息不丢失。
14. I/O 操作的启动需要 CPU 通过指令进行控制。
15. I/O 设备的工作速度比 CPU 慢得多，为了提高系统的效率，I/O 操作与 CPU 的数据处理操作往往是并行进行的。
16. 计算机中所有部件和设备都以主板为基础进行安装和互相连接，主板的稳定性影响着整个计算机系统的稳定性。
17. 计算机主板 CMOS 中存放了计算机的一些配置参数，其内容包括系统的日期和时间、软盘和硬盘驱动器的数目、类型等参数。
18. Windows 系统中，不论前台任务还是后台任务均能分配到 CPU 使用权。
19. 不同的 I/O 设备的 I/O 操作往往是并行进行的。
20. 大部分数码相机采用 CCD 成像芯片，CCD 芯片中像素越多，得到的影像的分辨率（清晰度）就越高。
21. 第一代计算机主要用于科学计算和工程计算，它使用机器语言和汇编语言来编写程序。
22. 分辨率是扫描仪的主要性能指标，它反映了扫描仪扫描图像的清晰程度，用每厘米生成的像素数目 dpi 来表示。
23. 计算机常用的输入设备为键盘、鼠标，笔记本电脑常使用轨迹球、指点杆和触摸板等替代鼠标。
24. 每种 I/O 设备都有各自专用的控制器，它们接受 CPU 启动 I/O 操作的命令后，负责控制 I/O 操作的全过程。
25. 目前，市场上有些 PC 的主板已经集成了许多扩充卡（如声卡、以太网卡、显示卡）的功能，因此不再需要插接相应的适配卡。
26. 数码相机内部 A/D 转换部件的作用是将所拍摄影像的像素由模拟量转换成数字量。
27. 为了使存储器的性能/价格比得到优化，计算机中各种存储器组成一个层次结构，如 PC 中通常有寄存器、Cache、主存储器、硬盘等多种存储器。
28. 在使用配置了触摸屏的多媒体计算机时，可不必使用鼠标。
29. 主板上所能安装的内存最大容量、速度及可使用的内存条类型通常由芯片组决定。

二、选择题

1. 微软 Office 软件包中不包含________。

   A. Photoshop　　B. PowerPoint　　C. Excel　　D. Word

2. 下列设备中，不能连接在计算机主板 IDE 接口上的是________。

   A. 打印机　　B. 光盘刻录机　　C. 硬盘驱动器　　D. 光盘驱动器

3. 在专业印刷排版领域应用最广泛的扫描仪是________。

   A. 胶片扫描仪和滚筒扫描仪　　B. 胶片扫描仪和平板扫描仪
   C. 手持式扫描仪和滚筒扫描仪　　D. 手持式扫描仪和平板扫描仪

4. 打印机与主机的连接目前除使用并行口之外，还广泛采用________接口。

   A. RS-232C　　B. USB　　C. IDE　　D. IEEE-488

5. 目前硬盘与光盘相比，具有________的特点。

   A. 存储容量小，工作速度快　　B. 存储容量大，工作速度快

C. 存储容量小,工作速度慢　　D. 存储容量大,工作速度慢

6. 下列哪部分不属于CPU的组成部分________。

A. 控制器　B. BIOS　C. 运算器　D. 寄存器

7. 硬盘的平均寻道时间是指________。

A. 数据所在扇区转到磁头下方所需的平均时间

B. 移动磁头到数据所在磁道所需的平均时间

C. 硬盘找到数据所需的平均时间

D. 硬盘旋转一圈所需的时间

8. 打印机的性能指标主要包括打印精度、色彩数目、打印成本和________。

A. 打印数量　B. 打印方式　C. 打印速度　D. 打印机功耗

9. 一般说来,计算机的发展经历了四代,"代"的划分是以计算机的________为依据的。

A. 运算速度　B. 应用范围

C. 主机所使用的元器件　D. 功能

10. 下列扫描仪中,最适用于办公室和家庭使用的是________。

A. 手持式　B. 滚筒式　C. 胶片式　D. 平板式

11. 下面有关I/O操作的叙述中,错误的是________。

A. 多个I/O设备能同时进行工作

B. I/O设备的种类多,性能相差很大,与计算机主机的连接方法也各不相同

C. 为了提高系统的效率,I/O操作与CPU的数据处理操作通常是并行的

D. PC中由CPU负责对I/O设备的操作进行全程控制

12. CD-ROM存储器使用________来读出盘上的信息。

A. 激光　B. 磁头　C. 红外线　D. 微波

13. CPU的运算速度是指它每秒钟能执行的指令数目。下面________是提高运算速度的有效措施。(1) 增加CPU中寄存器的数目;(2) 提高CPU的主频;(3) 增加高速缓存(Cache)的容量;(4) 扩充磁盘存储器的容量。

A. (1)、(2)和(3)　B. (1)、(3)和(4)

C. (1)和(4)　D. (2)、(3)和(4)

14. 从存储器的存取速度上看,由快到慢依次排列的存储器是________。

A. Cache、主存、硬盘和光盘　B. 主存、Cache、硬盘和光盘

C. Cache、主存、光盘和硬盘　D. 主存、Cache、光盘和硬盘

15. 电子计算机与其他计算工具相比,其特点是________。

A. 能够储存大量信息,可按照程序自动高速进行计算

B. 能高速进行运算,可求解任何复杂数学问题

C. 能进行逻辑判断,具有人的全部智能

D. 算术运算速度快,但检索速度并没有提高

16. 无线接口键盘是一种较新的键盘,它使用方便,多用于便携式计算机,下列关于无线键盘的描述中错误的是________。

A. 输入信息不经过I/O接口直接输入计算机,因而其速度较快

B. 无线键盘使用比较灵活方便

C. 使用无线键盘时,主机上必须安装专用接收器

D. 无线键盘具备一般键盘的功能

17. 下列关于打印机的说法,错误的是________。

A. 针式打印机只能打印汉字和ASCII字符,不能打印图案

B. 喷墨打印机是使墨水喷射到纸上形成图案或字符的

C. 激光打印机是利用激光成像、静电吸附碳粉原理工作的

D. 针式打印机是击打式打印机,喷墨打印机和激光打印机是非击打式打印机

18. 下列设备中,都属于图像输入设备的选项是________。

A. 数码相机、扫描仪　　B. 绘图仪、扫描仪

C. 数字摄像机、投影仪　　D. 数码相机、显卡

19. 下列设备中可作为输入设备使用的有________。

① 触摸屏　② 传感器　③ 数码相机　④ 麦克风　⑤ 音箱　⑥ 绘图仪　⑦ 显示器

A. ①②③④　　B. ①②⑤⑦

C. ③④⑤⑥　　D. ④⑤⑥⑦

20. 下面关于CPU的叙述中,错误的是________。

A. CPU的运算速度与主频、Cache容量、指令系统、运算器的逻辑结构等都有关系

B. Pentium4和Pentium的指令系统不完全相同

C. 不同公司生产的CPU其指令系统不会互相兼容

D. Pentium4与80386的指令系统保持向下兼容

21. 下面关于DVD光盘的说法中错误的是________。

A. DVD-ROM是可写一次、可读多次的DVD光盘

B. DVD-RAM是可多次读写的DVD光盘

C. DVD光盘的光道间距比CD光盘更小

D. 读取DVD光盘时,使用的激光波长比CD更短

22. 一台计算机中采用多个CPU的技术称为"并行处理",采用并行处理的目的是为了________。

A. 提高处理速度　　B. 扩大存储容量

C. 降低每个CPU成本　　D. 降低每个CPU功耗

23. 硬盘上的一个扇区要用三个参数来定位,即:________。

A. 磁盘号、磁道号、扇区号　　B. 柱面号、扇区号、簇号

C. 柱面号、磁头号、簇号　　D. 柱面号、磁头号、扇区号

24. "多处理器系统"的确切含义是指________。

A. 包含了多个处理器的计算机系统

B. 包含了多个中央处理器的计算机系统

C. 采用了流水线处理技术的计算机系统

D. 运算器中包含多个ALU的计算机系统

25. 计算机开机后,计算机首先执行BIOS中的第一部分程序,其目的是________。

A. 读出引导程序,装入操作系统

B. 测试PC各部件的工作状态是否正常

C. 从硬盘中装入基本外围设备的驱动程序

D. 启动CMOS设置程序,对系统的硬件配置信息进行修改

26. Pentium4 CPU使用的芯片组一般是由两块芯片组成的,它们的功能是________和增强的I/O控制。

A. 寄存数据　B. 存储控制　C. 运算处理　D. 高速缓冲

27. 磁盘存储器的下列叙述中,错误的是________。

A. 磁盘盘片的表面分成若干个同心圆,每个圆称为一个磁道

B. 硬盘上的数据存储地址由两个参数定位:磁道号和扇区号

C. 硬盘的盘片、磁头及驱动机构全部密封在一起,构成一个密封的组合件

D. 每个磁道分为若干个扇区,每个扇区的容量一般是512字节

28. 从目前技术来看,下列打印机中打印速度最快的是________。

A. 点阵打印机　B. 激光打印机　C. 热敏打印机　D. 喷墨打印机

29. 键盘、显示器和硬盘等常用外围设备在操作系统启动时都需要参与工作,所以它们的驱动程序都必须预先存放在________中。

A. 硬盘　B. ROM　C. RAM　D. CPU

30. 键盘上的F1键、F2键、F3键等,是________。

A. 字母组合键　B. 功能键　C. 热键　D. 符号键

31. 下列关于优盘与软盘相比较的叙述中,错误的是________。

A. 优盘容量较大　B. 优盘速度较慢

C. 优盘寿命较长　D. 优盘体积较小

32. 一台P4/1.5 G/512 MB/80 G的个人计算机,其CPU的时钟频率是________。

A. 512 MHz　B. 1 500 MHz　C. 80 000 MHz　D. 4 MHz

33. 已知一张光盘的存储容量是4.7 GB,它的类型应是________。

A. CD光盘　B. DVD单面单层

C. DVD单面双层盘　D. DVD双面双层盘

34. 以下硬盘的主要性能指标中,决定硬盘整体性能的最重要因素是________。

A. 转速　B. 外部数据传输速率

C. Cache容量　D. 内部数据传输速率

35. 在以下四种光盘片中,目前普遍使用、价格又最低的是________。

A. DVD-R　B. CD-R　C. D-RW　D. DVD-RW

36. 计算机存储器采用多层次结构的目的是________。

A. 方便保存大量数据

B. 减少主机箱的体积

C. 解决存储器在容量、价格和速度三者之间的矛盾

D. 操作方便

37. CPU的性能主要体现为它的运算速度,CPU运算速度的传统衡量方法是________。

A. 每秒钟所能执行的指令数目　B. 每秒钟读写存储器的次数

C. 每秒钟内运算的平均数据总位数　D. 每秒钟数据传输的距离

38. 计算机中的以下存储部件中,存储容量最大的部件通常是________。

A. RAM　　B. 软盘　　C. 硬盘　　D. 光盘

39. 计算机键盘上的Shift键称为________。

A. 回车换行键　　B. 退格键　　C. 换档键　　D. 空格键

40. 笔记本电脑中，用来替代鼠标器的最常用设备是________。

A. 扫描仪　　B. 笔输入　　C. 触摸板　　D. 触摸屏

41. 关于键盘上的Caps Lock键，下列叙述中正确的是________。

A. 它与Alt+Del键组合可以实现计算机热启动

B. 当Caps Lock灯亮时，按主键盘的数字键可输入其上部的特殊字符

C. 当Caps Lock灯亮时，按字母键可输入大写字母

D. 按下Caps Lock键时，会向应用程序输入一个特殊的字符

42. 目前，超市中打印票据所使用的打印机属于________。

A. 压电喷墨打印机　　B. 激光打印机

C. 针式打印机　　D. 热喷墨打印机

43. 扫描仪的性能指标一般不包含________。

A. 分辨率　　B. 色彩位数　　C. 刷新频率　　D. 扫描幅面

44. 数据所在的扇区转到磁头下的平均时间是硬盘存储器的重要性能指标，它是硬盘存储器的________。

A. 平均寻道时间　　B. 平均等待时间

C. 平均访问时间　　D. 平均存储时间

45. 为了读取硬盘存储器上的信息，必须对硬盘盘片上的信息进行定位，在定位一个扇区时，不需要以下参数中的________

A. 柱面(磁道)号　　B. 盘片(磁头)号　　C. 通道号　　D. 扇区号

46. 下列部件中不在PC主板上的是________。

A. CPU插座　　B. 存储条插座

C. 以太网插口　　D. PCI总线插槽

47. 下列各类存储器中，________在断电后其中的信息不会丢失。

A. 寄存器　　B. Cache

C. Flash ROM　　D. DDR SDRAM

48. 下列关于计算机芯片组的说法，错误的是________。

A. CPU的系统时钟由芯片组提供

B. CPU不同，一般需要使用的芯片组也不同

C. USB接口通过芯片组与CPU相连，而内存则是与CPU直接相连

D. 芯片组一般由两块超大规模集成电路组成

49. 下列关于计算机组成及功能的说法中，正确的是________。

A. 一台计算机内只能有一个CPU

B. 外存中的数据是直接传送给CPU处理的

C. 多数输出设备的功能是将计算机中用“0”和“1”表示的信息转换成人可直接识别的形式

D. I/O设备是用来连接CPU、内存、外存和各种输入输出设施并协调它们工作的一个

控制部件

50. 下面关于鼠标的叙述中,错误的是________。
A. 鼠标输入计算机的是其移动时的位移量和移动方向
B. 不同鼠标的工作原理基本相同,区别在于感知位移信息的方法不同
C. 鼠标只能使用PS/2接口与主机连接
D. 触摸屏具有与鼠标类似的功能

51. 芯片组集成了主板上的几乎所有控制功能,下列关于芯片组的叙述错误的是________。
A. 芯片组提供了多种I/O接口的控制电路
B. 芯片组由超大规模集成电路组成
C. 芯片组已标准化,同一芯片组可用于不同类型的CPU
D. 主板上所能安装的内存条类型也由芯片组决定

52. 寻道和定位操作完成后,硬盘存储器在盘片上读写数据的速率一般称为________。
A. 硬盘存取速率　　B. 外部传输速率
C. 内部传输速率　　D. 数据传输速率

53. 以下关于计算机指令系统的叙述中,正确的是________。
A. 用于解决某一问题的一个指令序列称为指令系统
B. 一台机器指令系统中的每条指令都是CPU可执行的
C. 不同类型的CPU,其指令系统是完全一样的
D. 不同类型的CPU,其指令系统完全不一样

54. 与内存储器相比,外存储器的主要特点是________。
A. 速度快　　B. 单位存储容量的成本高
C. 容量大　　D. 断电后信息会丢失

55. 在Pentium处理器中,加法运算是由________完成的。
A. 总线　　B. 控制器
C. 算术逻辑运算部件　　D. Cache

56. 在公共服务场所,提供给用户输入信息最适用的设备是________。
A. USB接口　　B. 软盘驱动器　　C. 触摸屏　　D. 笔输入

57. 在使用Pentium处理器的计算机上开发的新程序,在使用________处理器的计算机上肯定不能直接执行。
A. PentiumⅡ　　B. PentiumPro　　C. PowerPC　　D. Pentium4

58. 优盘利用通用的________接口接插到PC机上。
A. RS-232　　B. 并行　　C. USB　　D. SCSI

59. CRT彩色显示器采用的颜色模型为________。
A. HSB　　B. RGB　　C. YUV　　D. CMYK

60. BIOS的中文名叫做基本输入/输出系统,下列说法中错误的是________。
A. BIOS是存放在主板上ROM中的程序
B. BIOS中包含系统自举(装入)程序
C. BIOS中包含加电自检程序
D. BIOS中的程序是汇编语言程序

61. CMOS存储器中存放了计算机的一些参数和信息,其中不会包含的内容是________。

A. 当前的日期和时间　　B. 硬盘数目与容量

C. 开机的密码　　D. 基本外围设备的驱动程序

62. CPU是构成微型计算机的最重要部件,下列关于Pentium 4的叙述错误的是________。

A. Pentium 4除运算器、控制器和寄存器之外,还包括Cache存储器

B. Pentium 4运算器中有多个运算部件

C. 计算机能够执行的指令集完全由该机所安装的CPU决定

D. Pentium 4的主频速度提高1倍,PC执行程序的速度也相应提高1倍

63. Pentium 2无法完全执行________所拥有的全部指令。

A. 80486　　B. Pentium　　C. Pentiumpro　　D. Pentium 4

64. 按组合键________可重新启动正在使用中的计算机系统。

A. Ctrl+Break　　B. Ctrl+Alt+Break

C. Ctrl+Enter　　D. Ctrl+Alt+Del

65. 关于PC主板上的CMOS芯片,下面说法中正确的是________。

A. 加电后用于对计算机进行自检

B. 它是只读存储器

C. 用于存储基本输入/输出系统程序

D. 需使用电池供电,否则主机断电后其中数据会丢失

66. 集成电路是现代信息产业的基础,目前计算机中CPU芯片采用的集成电路属于________。

A. 小规模集成电路　　B. 中规模集成电路

C. 大规模集成电路　　D. 超大规模和极大规模集成电路

67. 计算机的分类方法有多种,按照计算机的性能、用途和价格分,台式机和便携机属于________。

A. 巨型计算机　　B. 大型计算机

C. 小型计算机　　D. 个人计算机

68. 键盘Caps Lock指示灯不亮时,如果需要输入大写英文字母,下列哪种操作是可行的________。

A. 按下Shift键的同时,敲击字母键

B. 按下Ctrl键的同时,敲击字母键

C. 按下Alt键的同时,敲击字母键

D. 直接敲击字母键

69. 下列关于USB接口的叙述中,错误的是________。

A. USB2.0是一种高速的串行接口

B. USB符合即插即用规范,连接的设备不需要关机就可以插拔

C. 一个USB接口通过扩展可以连接多个设备

D. 鼠标是慢速设备,不能使用USB接口

70. 下列叙述中正确的是________。

A. 包含有多个处理器的计算机系统是巨型计算机

B. 计算机系统中的处理器就是指中央处理器

C. 一台计算机只能有一个中央处理器

D. 网卡上的处理器负责网络通信,视频卡上的处理器负责图像信号处理和编码与解码,这些处理器不能称为CPU

71. 在计算机加电启动过程中,① 加电自检程序② 操作系统③ 引导程序④ 自举装入程序,这四个部分程序的执行顺序为________。

A. ①、②、③、④　　B. ①、③、②、④

C. ③、②、④、①　　D. ①、④、③、②

三、填空题

1. 若一台显示器中R、G、B分别用3位二进制数来表示,那么它可以显示________种不同的颜色。

2. 高性能计算机一般都采用“并行处理技术”,要实现此技术,至少应该有________个CPU。

3. PCI总线的数据线宽度为32位或________位,传输速率较高,且成本较低,用于外接速度比较快的外设。

4. 扫描仪是基于光电转换原理设计的,目前用来完成光电转换的主要器件是电荷耦合器件,它的英文缩写是________。

5. 一种可写入信息但不允许反复擦写的CD光盘,称为可记录式光盘,其英文缩写为________。

6. 许多显卡都使用AGP接口,但现在越来越多的显卡开始采用性能更好的________接口。

7. 传统的硬盘接口电路有SCSI接口和IDE接口,近年来________接口开始普及。

8. ________是通用串行总线的缩写,它是一种中、高速的最多可以连接127个设备的串行接口。

9. 目前广泛使用的移动存储器有优盘和移动硬盘两种,它们大多使用________接口,读写速度比软盘要快得多。

10. 优盘、扫描仪、数码相机等计算机外设都可使用________接口与计算机相连。

11. 对巨型机、大型机而言,衡量其CPU性能有一个指标是“MIPS”,它的中文意义是________/秒。

12. 现代计算机常用的外存储器硬盘采用了磁性材料作为存储介质,而内存储器选取了________材料制作的集成电路作为存储介质。

13. 巨型计算机大多采用________技术,运算处理能力极强。

14. 每种CPU都有自己的指令系统,某一类计算机的程序代码未必能在其他计算机上运行,这个问题称为“兼容性”问题。目前AMD公司生产的微处理器与Motorola公司生产的微处理器是________。

15. 迄今为止,我们使用的计算机都是基于冯·诺依曼提出的________原理进行工作的。

16. 计算机I/O接口可分为多种类型,按数据传输方式的不同可以分为________和并行两种类型的接口。

17. CMOS芯片存储了用户对计算机硬件所设置的系统配置信息,如系统日期时间和机器密码等。在机器电源关闭后，CMOS芯片由________供电可保持芯片内存储的信息不丢失。

18. 21英寸显示器的21英寸是指显示屏的________长度。
19. CRT显示器的主要性能指标包括：显示屏的尺寸、显示器的________、刷新速率、像素的颜色数目、辐射和环保指标等。
20. BIOS是________的缩写，它是存放在主板上只读存储器芯片中的一组机器语言程序。
21. CPU除了运算器和控制器外，还包括一组用来临时存放运算数据和中间结果的________。
22. 按照性能、价格和用途，目前计算机分为________、大型机、小型机和个人计算机。
23. CPU主要由运算器和控制器组成，其中运算器用来对数据进行各种算术运算和________运算。
24. 喷墨打印机的耗材之一是________，它的使用要求很高，消耗也快。
25. 计算机硬件可以分为主机与外设，主机包括CPU、________、总线等。
26. CPU不能直接读取和执行存储在________中的指令。
27. 计算机按照性能、价格和用途，分为巨型计算机、大型计算机、小型计算机和________。
28. 一台计算机内往往有多个微处理器，它们有各自不同的任务，其中，中央处理器承担________软件和应用软件运行任务，它是任何一台计算机不可缺少的核心组成部分。
29. 通常在开发新型号微处理器产品的时候，采用逐步扩充指令系统的做法，目的是使新老处理器保持________。
30. CD-R的特点是可以________或读出信息，但不能擦除。
31. 计算机使用的显示器主要有两类：CRT显示器和________显示器。
32. IEEE1394接口又称为FireWire，主要用于连接需要高速传输大量数据的________设备。
33. CPU主要由控制器、________器和寄存器组成。
34. 每一种不同类型的CPU都有自己独特的一组指令，一个CPU所能执行的全部指令称为________系统。
35. 一台计算机中往往有多个处理器，分别承担着不同的任务，其中承担系统软件和应用软件运行任务的处理器称为________处理器，它是计算机的核心部件。

第3章 计算机软件

内容提要

3.1 概　　述

1. 计算机软件

一个完整的计算机系统由两个基本组成部分，计算机硬件和计算机软件。计算机硬件是组成计算机的各种物理设备的总称；而计算机软件指的是能指示（指挥）计算机完成特定任务、以电子格式存储的程序、数据和相关文档。

程序是软件的主体，单独的数据和文档一般不认为是软件。

2. 软件的分类

计算机软件系统分为系统软件和应用软件两大类。

系统软件是开发和运行应用软件的平台，是为高效使用和管理计算机而提供的软件。它主要包括有：操作系统、语言处理系统、数据库管理系统、网络通信管理程序、各类服务性程序等。系统软件的核心是操作系统。

目前最常用的程序设计语言有：汇编语言、BASIC、C、FORTRAN、Pascal 等。

常用的操作系统有：DOS、Windows、Unix、Linux 等。

数据库管理系统有：Oracle、Access、SQL Server 等。

应用软件指的是为解决计算机应用中的实际问题而设计的软件，例如，文字处理软件、表格处理软件、财务软件、工程设计软件等。应用软件可分为通用软件和专用软件两大类。

如果按照软件权益的处置方式来进行分类，则有商品软件、共享软件、自由软件之分。商品软件需要付费才能得到其使用权，除了受版权保护外，通常还受到软件许可证的保护；共享软件是一种"买前免费试用"的具有版权的软件；自由软件可供用户共享，允许随意拷贝、修改源码，并向所有用户公开，主要有 TCP/IP 协议、APACHE 服务器软件、Linux 操作系统等。

3.2 操 作 系 统

1. 操作系统（Operating System，简称 OS）

操作系统用于控制、管理、调配计算机的所有资源，是给计算机配置的一种必不可少的系统软件。

2. 操作系统的作用

(1) 管理系统中的各种软硬件资源;

(2) 为用户提供友好的人机界面;

(3) 为应用程序的开发和运行提供一个高效率的平台。

3. 操作系统的功能

操作系统有五大管理功能,分别是:处理器管理、存储管理、设备管理、文件管理和作业管理。

4. 任务管理

任务是指装入内存并启动执行的一个应用程序。

(1) 多任务处理:为提高CPU的利用率,操作系统一般都支持若干个程序同时运行,通常一个任务对应一个窗口,活动窗口对应前台任务,非活动窗口对应后台任务。

(2) 并发多任务:不管前台任务还是后台任务,它们都能分配到CPU的使用权,因而可以同时运行。宏观上,任务是同时执行的;微观上,任一时刻只有一个任务正被CPU执行,即这些程序是由CPU轮流执行的。操作系统实现用户轮流"分时"共享CPU。

(3) 并行处理:使用有多个处理器的计算机时,并行处理操作系统运用策略作出合理的调度,将多项任务分配给不同的CPU同时执行,且保持系统正常有效地工作,可以充分利用计算机系统中提供的所有处理器,一次执行几条指令,以提高计算机系统的效率。

5. 存储管理

管理内存资源的高效、合理使用。主要包括内存的分配和回收、内存的共享和保护、内存自动扩充等。

当内存不够用时,还要解决内存扩充问题,将内存和外存结合起来管理,为用户提供一个容量比实际内存大得多的"虚拟存储器"。

Windows操作系统中,虚拟存储器是由计算机中的物理内存(主板上的RAM)和硬盘上的虚拟内存(交换文件)联合组成的,页面大小是4 KB,页面调度算法采用"最近最少使用(LRU)"算法。

3.3 算法与程序设计语言

1. 算法

算法是问题求解规则的一种过程描述。在算法中要精确定义一系列规则,这些规则指定了相应的操作顺序,以便在有限的步骤内得到所求问题的解答。

算法必须满足下列基本性质:确定性、有穷性、能行性、输入、输出。

分析一个算法的好坏,除其正确性外,还应考虑以下因素:占用的计算机资源、时间代价、空间代价;是否易理解、易调试和易测试等。

2. 程序设计语言分类

程序设计语言按其级别可以划分为机器语言、汇编语言和高级语言三大类。

(1) 机器语言

机器语言是使用计算机指令系统的程序语言。用机器语言编写的程序,全部都是二进制代码形式,可以被计算机直接执行,机器语言直接依赖机器的指令系统,不同类型甚至不同型号的计算机,其机器语言是不同的,机器语言不易记忆和理解,所编写的程序也难以修改和维护。

(2) 汇编语言

汇编语言是用助记符来代替机器指令的操作码和操作数,如用ADD表示加法、用SUB表示减法等,这样就能使它的每条指令都有明显的符号标识。用汇编语言编写程序与编写机器语言程序相比,比较直观和易记忆,但汇编语言仍然是面向机器指令系统的,还保留了机器语言的各种缺点。

(3) 高级语言

高级语言又称算法语言,其表示方法接近解决问题的表示方法,而且具有通用性,在一定程度上与机器无关。

3. 语言处理系统

语言处理系统的作用:将利用软件语言(包括汇编语言和高级语言)编写的各种程序变换成可在计算机上执行的程序,或最终的计算结果,或其他中间形式。

按照不同的翻译处理方法,可将翻译程序分为以下三类:

(1) 从汇编语言到机器语言的翻译程序,称为汇编程序;

(2) 按源程序中语句的执行顺序,逐条翻译并立即执行相应功能的处理程序,称为解释程序;

(3) 从高级语言到机器语言(或汇编语言)的翻译程序,称为编译程序。

4. 常用程序设计语言

(1) FORTRAN语言

FORTRAN是一种主要用于数值计算的面向过程的程序设计语言,其特点是接近数学公式,简单易用。

(2) BASIC语言和VB语言

BASIC语言的特点是简单易学;VB语言是基于BASIC开发的,可方便地使用Windows图形开发界面,且可调用Windows的其他资源。

(3) Java语言

Java语言是一种面向对象的、用于网络环境的程序设计语言。

Java语言基本的特征是:适用于网络分布环境,具有一定的平台独立性、安全性和稳定性。

(4) C语言和C++语言

C语言的主要特点有:语言与运行支撑环境分离,可移植性好,语言规模小,因而相对简单,具有指针类型等,C语言本身简洁,高度灵活,程序运行效率高。此外,在C语言中,有不少操作直接对应实际机器所执行的动作,并在许多场合可以代替汇编语言。

C++语言是以C语言为基础发展起来的通用程序设计语言,C++内置面向对象的机制,支持数据抽象。

C++语言既有数据抽象和面向对象能力,运行性能高,又能与C语言相兼容,使得数量巨大的C语言程序能方便地在C++语言环境中得以重用。近年来,C++语言迅速流行,成为当前面向对象程序设计的主流语言。

例题分析

一、选择题分析

【例 1】 下列软件中，属于系统软件的是________。

A. 用 FORTRAN 语言编写的计算弹道程序

B. FORTRAN 语言的编译程序

C. 交通管理和定位系统

D. 计算机集成制造系统

分析：本题中所列的各项中，A 利用计算机计算弹道轨迹，属于数值计算应用；C 主要利用计算机、通信卫星和数据库管理交通信息；D 是集成计算机辅助设计、计算机辅助制造和数据库系统用于机械制造业，都是规模大小不同的应用软件。选项 B 属于语言系统，它归类于系统软件。

答案：B

【例 2】 下列叙述中，不正确的一项是________。

A. 高级语言编写的程序的可移植性最差

B. 不同型号 CPU 的计算机具有不同的机器语言

C. 机器语言是由一串二进制数 0、1 组成的

D. 用机器语言编写的程序执行效率最高

分析：高级语言是一种面向问题的程序设计语言，它不依赖于具体的机器，通用性好，可移植性强；机器语言直接依赖于机器，它的可移植性差。

答案：A

【例 3】 下列关于系统软件的四条叙述中，正确的一条是________。

A. 系统软件与具体应用领域无关

B. 系统软件与具体硬件逻辑功能无关

C. 系统软件是在应用软件基础上开发的

D. 系统软件并不具体提供人机界面

分析：系统软件是开发和运行应用软件的平台，是为高效使用和管理计算机而提供的软件，故 A 对，而 C 错；它的设计需要考虑一定的硬件功能，故 B 也错；另外，一般的系统软件都提供人机界面，例如操作系统，故 D 也错。

答案：A

【例 4】 下列应用软件中________属于网络通信软件。

A. Word　　B. Excel

C. Outlook Express　　D. FrontPage

分析：A 属于字处理软件；B 属于电子表格软件；D 属于网页制作软件；C 属于网络通信软件，主要用于电子邮件。

答案：C

【例 5】 在下列计算机软件中，不属于文字处理软件的是________。

A. Word B. Adobe Acrobat
C. WPS D. CorelDraw

分析：在计算软件中，Word、Adobe Acrobat、WPS 均属于文字处理软件，CorelDraw 属于图形图象处理软件。

答案：D

【例 6】 计算机软件(简称软件)是指能指挥计算机完成特定任务、以电子格式存储的程序、数据和相关文档。在下列有关软件的叙述中，错误的是________。

A. 软件的版权所有者不一定是软件作者
B. 共享软件指的是一种无版权的软件
C. 用户购买一个软件后，仅获得了该软件的使用权，并没有获得其版权
D. 软件许可证是一种法律合同，它确定了用户对软件的使用方式

分析：软件是一种知识作品，它与书籍、电影一样受到版权保护。购买了一个软件之后，用户仅仅得到了使用该软件的权利，并没有获得它的版权，因此，随意进行拷贝和发布是一种违法行为。除了版权保护，计算机软件通常也受到软件许可证的保护，软件许可证是一种法律合同，它确定了用户对软件的使用方式，扩大了版权法给予用户的权利。

互联网上有许多共享软件和免费软件。前者是一种"买前免费试用"的具有版权的软件，它通常带有一个允许试用一段时间的许可证，允许用户进行拷贝和散发(但不可修改后散发)，这是一种节约广告费用的有效的软件销售策略。后者也是有版权的软件，它不销售但允许他人免费使用，有时甚至还公开其源代码，以达到相互交流促进技术发展的目的。

答案：B

【例 7】 Unix 操作系统是一种通用的多用户分时操作系统，下列不属于 Unix 操作系统特点的是________。

A. 网络通信功能强 B. 可伸缩性和互操作性强
C. 可移植性差 D. 结构简练

分析：Unix 操作系统结构简单、功能强大、可移植性好、可伸缩性和互操作性强，而且容纳新技术的能力以及网络通信能力均很强大，故选 C。

答案：C

【例 8】 Windows 操作系统具有较强的存储管理功能，当存储容量不够时，系统可以自动地"扩充"，为应用程序提供一个容量比实际物理主存大得多的存储空间。这种存储管理技术称为________。

A. 缓冲区技术 B. SPOOLing 技术
C. 虚拟存储器技术 D. 进程调度技术

分析：操作系统一般都采用虚拟存储技术(也称虚拟内存技术，简称虚存)进行存储管理。在 Windows 操作系统中，虚拟存储器是由计算机中的物理内存(主板上的 RAM)和硬盘上的虚拟内存("交换文件")联合组成的，页面的大小是 4 KB，页面调度算法采用"最近最少使用"(Least Recently Used，简称 LRU)算法。操作许同通过在物理内存和虚拟内存("交换文件")之间来回地自动交换程序和数据页面，达到扩大可用内存的目的。

答案：C

【例 9】 操作系统是现代计算机必不可少的系统软件之一。在下列有关操作系统的叙

述中，错误的是________。

A. Unix操作系统是一种多用户分时操作系统，可用于PC

B. Linux操作系统是由美国Linux公司开发的操作系统

C. 目前Windows XP操作系统有多个不同版本

D. 至目前为止，Windows 98及其以后的版本均支持FAT32文件系统

分析：Linux操作系统的原创者是芬兰的一名青年学者Linux Torvalds，具有与Unix相似的可移植操作系统服务功能。Linux系统是一种"免费软件"，其源代码向世人公开，吸引对该系统感兴趣的人共同开发。

答案：B

【例10】 在下列有关Windows操作系统的多任务处理功能的叙述中，正确的是________。

A. 在多任务处理过程中，前台任务与后台任务都能得到CPU的响应(处理)

B. 由于CPU具有并行执行指令的功能，所以操作系统才能同时进行多个任务的处理

C. 如果用户只启动一个应用程序，那么该程序就可以自始至终独占CPU

D. Windows操作系统采用协作方式支持多个任务的处理

分析：中央处理器(CPU)是计算机系统的核心硬件资源。为了提高CPU的利用率，操作系统一般都支持若干个程序同时运行，这称为多任务处理，Windows操作系统操作系统采用并发多任务方式支持系统中多个任务的执行，所谓并发多任务，是指不管是前台任务还是后台任务，它们都能分配到CPU的使用权，因而可以同时运行。需要注意的是，从宏观上讲，这些任务是在"同时"执行的。

答案：A

【例11】 文件管理是操作系统的基本功能之一。在Windows操作系统环境下，下列有关文件管理功能的叙述中，错误的是________。

A. 计算机中的所有程序、数据、文档都组织成文件存放在外存储器中

B. 磁盘上的文件分配表(FAT)有两个，且内容相同

C. 任何磁盘上的文件根目录表(FDT)仅有一个

D. 文件管理以扇区为单位分配磁盘上的存储空间

分析：在硬盘格式化的时候，硬盘被划分为引导区、文件分配表(FAT，共两份，一份为备份)、文件目录表(FDT，也叫做根目录表)和数据区等四个部分。根目录表(FDT)用来记录磁盘根目录下每个文件(或文件夹)的说明信息及用于存储该文件(或文件夹)数据的起始簇号。FAT表用来记录数据区的分配情况，每个簇一栏，记录着该簇的状态信息。

答案：D

【例12】 ① Windows ME　② Windows Server 2003　③ Windows XP　④ SQL Server 2005　⑤ Access　⑥ Linux　⑦ OS/2　⑧ MS-Dos　⑨ Unix，对于以上列出的九个软件，________均为操作系统软件。

A. ①②③④⑧　　B. ①②③④⑥⑧⑨

C. ①②③⑤⑥⑧⑨　　D. ①②③⑥⑦⑧⑨

分析：Windows ME、Windows Server 2003、Windows XP和MS-DOS都是微软公司开发的操作系统；Unix是由美国电话与电报公司的贝尔实验室研制成功的一种多用户的计

算机操作系统;Linux是一种可免费使用的Unix操作系统,运行于一般的PC上。OS/2是IBM开发的一种操作系统。

答案:D

【例13】 操作系统是现代计算机必不可少的系统软件之一。在下列有关操作系统的叙述中,错误的是________。

A. 计算机只有安装了操作系统之后,CPU才能执行数据的存取和处理操作

B. 最早的计算机并无操作系统

C. 通常称已经运行了操作系统的计算机为"虚计算机"

D. 操作系统可以为用户提供友好的人机界面

分析:CPU只有在运行程序时,才能做数据的读写或处理操作,使CPU运行一个程序的途径有多种,不一定都要通过操作系统的管理,例如,一台计算机在加电时,CPU会自动运行固化在BIOS中的自检程序,此时该机器尚未运行操作系统。安装操作系统后,实际上呈现在应用程序和用户面前的是一台"虚计算机",操作系统屏蔽了几乎所有物理设备的技术细节。

答案:A

【例14】 用高级程序设计语言编写的程序,要转换成等价的可执行程序,必须经过________。

A. 汇编　　　　B. 编辑

C. 解释　　　　D. 编译和连接

分析:用户编写的源程序通过编译成为目标程序,但此程序还不能运行,因为,程序中所使用的标准函数子程序和输入/输出子程序尚未连接入内,所以,还必须经过连接装配,才能成为一个独立的可运行的程序。汇编是将用汇编语言编写的程序翻译成目标程序。解释是翻译源程序的方法之一,早期的BASIC语言采用这种方法,当前各种高级程序设计语言已不采用"解释"方法。"编辑"的概念是对文档进行插入、删除、改写等操作,与源程序的翻译无任何关系。

答案:D

【例15】 下列关于高级语言翻译处理方法的说法,正确的是________。

A. 编译程序的优点是实现算法简单,效率高

B. 解释程序适合于交互方式工作的程序语言

C. 解释程序与编译程序均可生成目标程序

D. 编译方式不适合于大型应用程序的翻译

分析:编译程序比解释程序复杂,但效率高,故A错;解释程序不能生成机器语言形式的目标程序,故C也错;由于编译程序的处理可以一次性产生高效运行的目标程序,并将它保存在磁盘上,以备多次执行,因此,编译程序更适合于翻译那些规模大、结构复杂、运行时间长的大型应用程序,故D错。

答案:B

【例16】 下列有关算法的叙述,正确的是________。

A. 算法可以没有输出量

B. 算法在执行了有穷步的运算后终止

C. 一个好的算法一定是能满足时间代价和空间代价，同时为最小

D. 算法中不一定每一步都有确切的含义，如说明性语句等

分析：算法至少要含有一个输出量，故A错；一个好的算法不一定是能满足时间代价和空间代价同时为最小，应该是经过一个综合考虑后来评判一个算法算不算一个好的算法，故C也错；而算法必须满足确定性，即每一步都有确切的含义，D也不对。

答案：B

二、是非题分析

【例1】 数据库管理系统是一种系统软件。

分析：系统软件是开发和运行应用软件的平台，是为高效使用和管理计算机而提供的软件。它主要包括有：操作系统、语言处理系统、数据库管理系统、网络通信管理程序、各类服务性程序等。

答案：Y

【例2】 计算机没有操作系统就不能进行任何操作。

分析：操作系统为计算机的使用提供了许多功能，但是没有安装操作系统的计算机，即通常所说的“裸机”，依然可以进行数据计算、信息处理等。

答案：N

【例3】 当前流行的操作系统是Windows系列及office系列。

分析：Windows是当前使用最为广泛的系统软件，而office系列属于应用软件，不属于操作系统的范畴。

答案：N

【例4】 机器语言是直接运行在裸机上的最基本的系统软件。

分析：机器语言是使用计算机指令系统的程序语言，可以被计算机直接识别，但不属于系统软件的范畴，系统软件是那些为了有效地运行计算机系统、给应用软件开发与运行提供支持、或者能为用户管理与使用计算机提供方便的一类软件。

答案：N

【例5】 对于同一个问题可采用不同的算法去解决，但不同的算法可能具有不同的效率。

分析：由于同一问题不同算法的设计的出发点等可能是不一样的，所以一般会具有不同的效率，我们设计一个算法总是需要经过权衡，从可行性、效率、时间、空间复杂度等方面综合考虑。

答案：Y

【例6】 在设计程序时，一定要选择一个时间代价和空间代价都最小的算法，而不用考虑其他问题。

分析：设计一个算法首先必须考虑其正确性、可行性等，否则时间代价和空间代价再小也无济于事。故题目的说法是不对的。

答案：N

三、填空题分析

【例1】 从应用角度出发，通常将软件分为系统软件和________两大类。

分析：从应用的角度出发，通常将软件大致划分为系统软件和应用软件两大类。系统

软件泛指那些为了有效地运行计算机系统、给应用软件开发与运行提供支持、或者能为用户管理与使用计算机提供方便的一类软件;应用软件泛指那些专门用于解决各种具体应用问题的软件。

答案:应用软件

【例2】 数据结构研究的内容是数据的________结构、数据的________结构以及在这些数据上定义的运算的集合。

分析:数据结构一般包括三个方面的内容,即数据的逻辑结构、数据的存储结构以及在这些数据上定义的运算的集合。数据的逻辑结构是数据间关系的描述,它只抽象地反映数据元素间的逻辑关系,而不管其在计算机中的存储方式。数据的存储结构实质上是它的逻辑结构在计算机存储器上的实现。对各种数据逻辑结构有相应的各类运算,每种逻辑结构都有一个运算的集合,常用的运算有检索、插入、删除、更新、排序等。

答案:逻辑　存储

自我检测

一、判断题

1. Windows 系统支持使用长文件名,用户可以为文件定义任意长度的文件名。
2. Windows 系统中,不同文件夹中的文件不能同名。
3. 程序就是算法,算法就是程序。
4. 软件产品的设计报告、维护手册和用户使用指南等不属于计算机软件的组成部分。
5. 使用微软公司的 Word 软件生成的 Doc 文件,与使用记事本生成的 Txt 文件一样,都属于简单文本文件。
6. 一个算法可以不满足可行性。
7. 在某一计算机上编写的机器语言程序,可以在任何其他计算机上正确运行。
8. C++是一种面向对象的计算机程序设计语言。
9. Java 语言适用于网络环境编程,在 Internet 上有很多用 Java 语言编写的应用程序。
10. MATLAB 是一种面向数值计算的高级程序设计语言。
11. Windows 系统中的文件具有系统、隐藏、只读等属性,每个文件可以同时具有多个属性。
12. 程序设计语言可按级别分为机器语言、汇编语言和高级语言,其中高级语言比较接近自然语言,而且易学、易用、程序易修改。
13. 程序是用某种计算机程序设计语言编写的指令、命令和语句的集合。
14. 高级语言源程序通过编译处理可以产生可执行程序,并可保存在磁盘上,供多次运行。
15. 汇编语言比机器语言高级一些,但程序员用它编程仍感困难。
16. 计算机软件也包括软件开发所涉及的资料。
17. 算法和数据结构之间存在密切关系,算法是建立在数据结构基础上的,若数据结构不同,对应问题的求解算法也会有差异。
18. 微软公司的网页制作软件 FrontPage 也是一种功能丰富、操作方便的文字处理软件,它不仅可以对字体段落进行格式编排,而且能够定义超链接。

19. 为了便于丰富格式文本能在不同的软件和系统中互换使用,一些公司联合提出了一种公用的中间格式,称为RTF格式。
20. 为了方便用户记忆、阅读和编程,汇编语言将机器指令采用助记符号表示。
21. 文档是程序开发、维护和使用所涉及的资料,是软件的重要组成部分之一。
22. "虚拟内存"是计算机物理内存中划分出来的一部分。
23. 将主存和辅存结合起来,为用户提供比实际主存大得多的"虚拟存储器"是操作系统中存储管理所采用的一种主要方法。

二、选择题

1. 计算机的功能是由CPU一条一条地执行________来完成的。
   A. 用户命令　B. 机器指令　C. 汇编指令　D. BIOS程序
2. 下列对C语言中语句"while(P)S;"的解释中,正确的是________。
   A. 先执行语句S,然后根据P的值决定是否再执行语句S
   B. 若条件P的值为真,则重复执行语句S,直到P的值为假
   C. 语句S至少会被执行一次
   D. 语句S不会被执行两次以上
3. 下列软件属于系统软件的是________。① 金山词霸　② C语言编译器　③ Linux　④ 银行会计软件　⑤ Access　⑥ 民航售票软件
   A. ①③④　B. ②③⑤　C. ①③⑤　D. ②③④
4. 以下不属于数据逻辑结构的是________。
   A. 线性结构　B. 集合结构　C. 链表结构　D. 树形结构
5. 就线性表的存储结构而言,以下叙述正确的是________。
   A. 顺序结构比链接结构多占存储空间
   B. 顺序结构与链接结构相比,更有利于对元素的插入、删除运算
   C. 顺序结构比链接结构易于扩充空间
   D. 顺序结构占用连续存储空间而链接结构不要求连续存储空间
6. Excel属于________软件。
   A. 电子表格　B. 文字处理　C. 图形图像　D. 网络通信
7. Windows操作系统属于________。
   A. 系统软件　B. 应用软件　C. 工具软件　D. 专用软件
8. 操作系统具有存储器管理功能,它可以自动"扩充"内存,为用户提供一个容量比实际内存大得多的________。
   A. 虚拟存储器　B. 脱机缓冲存储器
   C. 高速缓冲存储器　D. (Cache)离线后备存储器
9. 从应用的角度看,软件可分为两类:一是管理系统资源、提供常用基本操作的软件,称为________,二是为用户完成某项特定任务的软件,称为应用软件。
   A. 系统软件　B. 通用软件　C. 定制软件　D. 普通软件
10. 当一个PowerPoint程序运行时,它与Windows操作系统之间的关系是________。
    A. 前者(PowerPoint)调用后者(Windows)的功能

B. 后者调用前者的功能

C. 两者互相调用

D. 不能互相调用,各自独立运行

11. 关于 Windows 操作系统的特点,以下说法错误的是________。

A. Windows 操作系统均属于多用户分时操作系统

B. Windows XP 在设备管理方面可支持"即插即用",Windows XP 支持的内存容量可超过 1 GB

C. Windows XP 支持的内存容量可超过 1 GB

D. Windows 2000 分成工作站版本和服务器版本

12. 计算机的算法是________。

A. 问题求解规则的一种过程描述　　B. 计算方法

C. 运算器中的处理方法　　D. 排序方法

13. 空间复杂度是算法所需存储空间大小的度量,以下叙述中正确的是________。

A. 它和求解问题的规模关系密切

B. 它反映了求解问题所需的时间多少

C. 不同的算法解决同一问题的空间复杂度通常相同

D. 它与求解该问题所需处理时间成正比

14. 目前流行的很多操作系统都具有网络通信功能,但不一定能作为网络服务器的操作系统。以下操作系统中一般不作为网络服务器操作系统的是________。

A. Windows 98　　B. Windows NT Server

C. Windows 2000 Server　　D. Unix

15. 下列软件中,不属于网络应用软件的是________。

A. PowerPoint　　B. MSN Messenger

C. Internet Explorer　　D. Outlook Express

16. 下列软件中,全都属于应用软件的是________。

A. WPS、Excel、AutoCAD　　B. Windows XP、QQ、Word

C. Photoshop、DOS、Word　　D. Unix、WPS、PowerPoint

17. 下列叙述中,错误的是________。

A. 程序就是算法,算法就是程序

B. 程序是用某种计算机语言编写的语句的集合

C. 软件的主体是程序

D. 只要软件运行环境不变,它们功能和性能不会发生变化

18. 下列有关操作系统作用的叙述中,正确的是________。

A. 有效地管理计算机系统的资源是操作系统的主要作用之一

B. 操作系统只能管理计算机系统中的软件资源,不能管理硬件资源

C. 操作系统提供的用户界面都是图形用户界面

D. 在计算机上开发和运行应用程序与安装和运行的操作系统无关

19. 以下所列全都属于系统软件的是________。

A. Windows 2000、编译系统、Linux

B. Excel、操作系统、浏览器

C. 财务管理软件、编译系统、操作系统

D. Windows 98、FTP、Office 2000

20. 针对具体应用问题而开发的软件属于________。

A. 系统软件　　B. 应用软件

C. 财务软件　　D. 文字处理软件

21. 计算机上运行的 Windows XP 操作系统属于________。

A. 单任务操作系统　　B. 多任务操作系统

C. 嵌入式操作系统　　D. 实时操作系统

22. 程序中的算术表达式，如 X＋Y－Z，属于高级程序语言中的________成分。

A. 数据　　B. 运算　　C. 控制　　D. 传输

23. 高级程序设计语言中的 I/O 语句用以表达对程序中数据的________。

A. 结构控制　　B. 传输处理　　C. 运算处理　　D. 存储管理

24. 适合安装在服务器上使用的操作系统是________。

A. Windows ME　　B. Windows NT Server

C. Windows 98 SE　　D. Windows XP

25. 以下关于高级程序设计语言中的数据成分的说法中，错误的是________。

A. 数据的名称用标识符来命名

B. 数组是一组相同类型数据元素的有序集合

C. 指针变量中存放的是某个数据对象的地址

D. 程序员不能自己定义新的数据类型

26. 以下所列结构中，________属于高级程序设计语言的控制结构。① 顺序结构　② 自顶向下结构　③ 条件选择结构　④ 重复结构

A. ①②③　　B. ①③④　　C. ①②④　　D. ②③④

27. 运行 Word 时，键盘上用于将光标移动到文档开始位置的键位是________。

A. End　　B. Home　　C. Ctrl　　D. NumLock

28. 使用 Windows 2000 或 Windows XP，如果要查看当前正在运行哪些应用程序，可以使用的系统工具是________。

A. 资源管理器　　B. 系统监视器　　C. 任务管理器　　D. 网络监视器

29. 程序设计语言的编译程序或解释程序属于________。

A. 系统软件　　B. 应用软件　　C. 实时系统　　D. 分布式系统

30. 当多个程序共享内存资源时，操作系统的存储管理程序将内存与________结合起来，提供一个容量比实际内存大得多的“虚拟存储器”。

A. 高速缓冲存储器　　B. 光盘存储器

C. 硬盘存储器　　D. 离线后备存储器

31. 如果用户购买了一个商品软件，通常就意味着得到了它的________。

A. 修改权　　B. 拷贝权　　C. 使用权　　D. 版权

32. 使用软件 MS Word 时，执行打开文件 C:\ABC. doc 操作，是将________。

A. 软盘上的文件读至 RAM，并输出到显示器

B. 软盘上的文件读至主存,并输出到显示器

C. 硬盘上的文件读至内存,并输出到显示器

D. 硬盘上的文件读至显示器

33. 以下不属于“数据结构”研究内容的是________。

A. 数据的逻辑结构　B. 数据的存储结构

C. 数据的获取　D. 在数据上定义的运算

34. 在C语言中,“if ... else ...”属于高级程序设计语言中的________成分。

A. 数据　B. 运算　C. 控制　D. 传输

35. 在Windows操作系统中,系统约定第一个硬盘的盘符必定是________。

A. A　B. B　C. C　D. D

36. Windows操作系统支持多个工作站共享网络上的打印机,下面关于网络打印的说法错误的是________。

A. 需要打印的文件,按“先来先服务”的顺序存放在打印队列中

B. 用户可查看打印队列的工作情况

C. 用户可暂停正在进行的打印任务

D. 用户不能取消正在进行的打印任务

37. 算法和程序的区别在于:程序不一定能满足________。

A. 每一个运算有确切定义

B. 具有0个或多个输入量

C. 至少产生一个输出量(包括状态的改变)

D. 在执行了有穷步的运算后自行终止(有穷性)

38. 下列关于Windows XP操作系统的说法中,错误的是________。

A. 提供图形用户界面(GUI)

B. 支持“即插即用”的系统配置方法

C. 支持多种协议的通信软件

D. 各个版本均可作为服务器操作系统使用

39. 下列关于操作系统处理器管理的说法中,错误的是________。

A. 处理器管理的主要目的是提高CPU的使用效率

B. 分时是指将CPU时间划分成时间片,轮流为多个程序服务

C. 并行处理操作系统可以让多个CPU同时工作,提高计算机系统的效率

D. 多任务处理都要求计算机必须有多个CPU

40. 以下所列软件中,________是一种操作系统。

A. WPS　B. Word　C. PowerPoint　D. Unix

41. 语言处理程序用于将高级语言程序转换成可在计算机上直接执行的程序。下面不属于语言处理程序的是________。

A. 汇编程序　B. 解释程序　C. 编译程序　D. 监控程序

42. 在Windows平台上运行的两个应用程序之间交换文本数据时,最方便使用的工具是________。

A. 邮箱　B. 读/写文件　C. 滚动条　D. 剪贴板

43. 计算机启动时，操作系统的引导程序在对计算机系统进行初始化后，将________程序装入主存储器。

A. 编译系统　　B. 系统功能调用

C. 操作系统核心部分　　D. 服务性程序

三、填空题

1. 解决某一问题的算法也许有多种，但它们都必须满足确定性、有穷性、能行性、输入和输出。其中输出的个数 n 应大于等于________。
2. 计算机上运行的 Windows XP 操作系统属于________。
3. 高级程序设计语言中的________成分用来描述程序中对数据的处理。
4. 若求解某个问题的程序要反复多次执行，则在设计求解算法时，应重点从________代价上考虑。
5. 算法和________的设计是程序设计的主要内容。
6. 算法是对问题求解过程的一种描述，“算法中描述的操作都是可以通过已经实现的基本操作在限定的时间内执行有限次来实现的”，这句话所描述的性质被称为算法的________。

第4章　计算机网络与因特网

内容提要

4.1　数字通信入门

1. 通信

通信的基本任务是传递信息，所以通信至少需由三个要素组成，即信息的发送者（称为信源）、信息的接收者（称为信宿）以及信息的传输媒介（称为信道）。

2. 模拟信号与数字信号

通信系统中被传输的信息必须转换成某种电信号（或光信号）才能进行传输。

(1) 模拟信号形式：通过连续变化的物理量（如信号的幅度）来表示信息。例如，人们打电话或者播音员播音时，声音经话筒（麦克风）转换得到电信号。

(2) 数字信号形式：使用有限个状态（一般是两个状态）来表示（编码）信息。例如电报机、传真机和计算机发出的信号都是数字信号。

3. 有线与无线通信

(1) 有线通信

双绞线：成本低，易受外部高频电磁波干扰，误码率较高，传输距离有限。主要应用于固定电话本地回路、计算机局域网。

同轴电缆：传输特性和屏蔽特性良好，可作为传输干线长距离传输载波信号，但成本较高。主要应用于固定电话中继线路、有线电视接入。

光缆：传输损耗小，通讯距离长，容量大，屏蔽特性好，不易被窃听，重量轻，便于铺设；缺点是强度稍差，精确连接两根光纤比较困难。主要应用于电话、电视等通信系统的远程干线，计算机网络的干线。

(2) 无线通信

空间自由，使用微波、红外线、激光等，建设费用低，抗灾能力强，容量大，无线接入使得通信更加方便，但易被窃听、易受干扰。主要应用于广播、电视、移动通信系统、计算机无线局域网。

微波是 300 MHz～300 GHz 范围内的电磁波，它在空间主要是直线传播，不能像中波沿地球表面传播，因为地面会很快将它吸收。微波也不像短波那样，可以经电离层反射传播到地面，因为它会穿透电离层，进入宇宙空间而不再返回地面。利用微波进行远距离通信需要每隔几十公里设立一个中继站，容量大、可靠性高，建设费用低，抗灾能力强。

微波通信主要有地面微波接力通信和卫星通信。

移动通信指的是处于移动状态的对象之间的通信,也是微波通信的一种。最有代表性的是个人移动通信系统,它由移动台、基站、移动电话交换中心等组成。移动台包括手机、呼机、无绳电话等,移动台和基站联系,基站和移动交换中心联系。

第一代个人移动通信采用的是模拟传输技术。

第二代个人移动通信采用的是数字传输技术,例如,GSM和CDMA。

第三代个人移动通信(3G)能以较高质量进行多媒体通信。我国的3G通信目前有三种技术标准:中国移动采用的TDSCDMA技术、中国电信采用的是CDMA2000技术、中国联通采用的是WCDMA技术。这三种网络互通,但终端设备互不兼容。

4. 调制与解调技术

近距离传输:直接(基带)传输。

远距离传输:载波传输。

研究发现,高频振荡的正弦波信号在长距离通信中能够比其他信号传送得更远。因此若将高频振荡的正弦波信号作为携带信息的载波,将数字信号放在(调制在)载波上传输,则可比直接传输的距离远得多。

通信一般是双向进行的,收发双方都需要调制器与解调器,它们通常做在一起,称为调制解调器(Modem)。

5. 多路复用技术

通信系统中,传输线路的建设和维护成本占整个系统成本的相当大的份额,一条传输线路(铜线、光纤、无线电波)的容量通常远远超过传输一路用户信号所需的能力。

降低成本采用的技术——多路复用技术,多路信号使用同一条传输线同时进行传输。主要有频分多路复用(FDM)、时分多路复用(TDM)、波分多路复用(WDM)。

6. 交换技术

常用的交换方式:电路交换和分组交换。

电路交换的过程:建立连接、通信、释放连接。主要用于电话通信,通话全过程中用户始终占用端到端的传输信道。

由于计算机数据传输具有突发性,不适合计算机数据通信,解决的方案是采用“分组交换技术”。分组交换也称为包交换,被传输的数据必须划分为若干“分组”(Packet,简称包)进行传输,每个分组中必须包含收、发双方的地址。

分组交换的基本工作模式是“存储转发”。

分组交换的优点:高效、灵活、迅速、可靠。

分组交换的缺点:分组在各结点存储转发时需要排队,这就会造成一定的时延;分组必须携带的首部(里面有必不可少的控制信息)也造成了一定的开销。

4.2　计算机网络基础

1. 计算机网络

利用通信设备和网络软件,将位置分散的多台计算机连接起来的一个系统叫作计算机网络。

计算机组网的目的:数据通信、资源共享、实现分布式信息处理、提高计算机系统的可靠性和可用性。

2. 计算机网络的分类

- 按使用的传输介质可分为：有线网、无线网。
- 按网络的使用性质可分为：公用网、专用网、虚拟专网(VPN)。
- 按网络的使用对象可以分为：企业网、政府网、金融网、校园网……
- 按网络所覆盖的地域范围可以分为：

(1) 局域网(LAN)：使用专用通信线路将较小地域范围(一幢楼房、一个楼群、一个单位或一个小区)中的计算机连接而成的网络。

(2) 城域网或市域网(MAN)：作用范围在广域网和局域网之间，其作用距离约为5～50 km，例如，一个城市范围的计算机网络。

(3) 广域网(WAN)：将相距遥远的许多局域网和计算机用户互相连接在一起的网络。广域网有时也称为远程网。

3. 计算机网络的组成

(1) 计算机、手机等智能设备。

(2) 数据通信链路：用于传输数据的介质：双绞线、光缆、无线电波等；通信控制设备：如网卡、集线器、交换器、调制解调器、路由器等，确保通信正确、可靠、有效地进行。

(3) 网络通信协议——共同遵循的一组的规则和约定。例如：TCP/IP，HTTP，FTP，POP3等。

(4) 网络操作系统和网络应用软件：实现通信协议、管理网络资源等；实现各种网络应用，如浏览器、电子邮件程序、QQ、搜索引擎等。

4. 网络操作系统

(1) Windows系统服务器版本，如Windows NT Server、Windows Server 2003、Windows Server 2008等，适用于中低档服务器中。

(2) Unix系统，如AIX，HP-UX，IRIX，Solaris等，它们的稳定性和安全性好，可用于大型网站或大中型企、事业单位网络中。

(3) 开放源码的自由软件Linux，可以免费得到许多应用软件。

5. 数据传输速率与带宽

数据传输速率即数据率(data rate)，也称为比特率(bit rate)，是计算机网络中最重要的性能指标，指数据链路中每秒传输的二进制位数目。

速率的单位是千比每秒，即Kb/s(10^3 b/s)；兆比每秒，即Mb/s(10^6 b/s)；吉比每秒，即Gb/s(10^9 b/s)；太比每秒，即Tb/s(10^{12} b/s)。

在计算机网络中，“带宽”指的是数据链路所能达到的最高数据传输速率，有时也称为信道容量。

带宽与采用的传输介质、传输距离、多路复用方法、调制解调方法等密切相关。

6. 计算机网络的工作模式

资源：硬件、软件、数据都是计算机的资源。

网络中的计算机可以扮演两种不同的角色：

(1) 客户机：需要使用其他计算机资源的计算机。

(2) 服务器：提供资源(如数据文件、磁盘空间、打印机、处理器等)给其他计算机使用的计算机。

每一台连网的计算机，其“身份”是客户机，或者是服务器，或者两种身份兼而有之。

计算机网络有两种基本的工作模式：

(1) 对等模式(Peer-to-Peer，简称 P2P)：网络中的每台计算机既可以作客户机，也可以作为服务器，如 Windows 操作系统中的“网上邻居”、BT 下载、QQ 及时通信等。

(2) 客户/服务器(Client/Server，简称 C/S)模式：网络中的每台计算机扮演着固定的角色，要么是服务器，要么是客户机。

服务器大多是一些专门设计的性能较高的计算机，有时候服务器仅仅是逻辑上的概念，如一台普通的 PC，当它运行有关的软件能为其他计算机提供服务时，它就成了“服务器”。

7. *局域网的特点*

局域网的特点主要有以下几点：

(1) 为一个单位所拥有，地理范围有限。

(2) 使用专门铺设的共享的传输介质进行联网。

(3) 数据传输速率高(10 Mbps～1 Gbps)，通信延迟时间较低，误码率低。

8. *计算机局域网的组成*

计算机局域网包括网络工作站、网络服务器、网络打印机、网络接口卡、传输介质、网络互连设备等。网络上的每一台设备，都称为网络上的一个节点。局域网中的每个节点都有一个唯一的地址，称为介质访问地址(MAC 地址)，以便相互区别，实现节点之间的通信。

每一个节点都有一块网络接口卡(NIC，简称网卡)，节点的 MAC 地址就是制造商分配给网卡的。网卡通过传输介质(双绞线、同轴电缆、光纤或者无线电波)将节点与网络连接起来。网卡的任务是负责在传输介质上发送帧和接收帧，CPU 将它视同为一个输入/输出控制器。由于不同类型局域网的 MAC 地址的规定和帧格式各不相同，因此，连接不同类型的网络使用不同类型的网卡。

9. *常用局域网*

(1) 总线式以太网：以集线器(Hub)为中心，每台计算机通过以太网卡和双绞线连接到集线器的一个端口，通过集线器与其他节点相互通信。

(2) 交换式以太网：以以太网交换机(Ethernet Switch)为中心构成，以太网交换机是一种高速电子交换器，连接在交换机上的所有计算机均可同时相互通信。总线式以太网和交换式以太网的区别见表 4-1 所示。

表 4-1　总线式以太网和交换式以太网的区别

总线式以太网	交换式以太网
Hub 向所有计算机发送数据帧(广播)，由计算机选择接收	交换机按 MAC 地址将数据帧直接发送给指定的计算机
一次只允许一对计算机进行数据帧传输	允许多对计算机同时进行数据帧传输
实质上是总线式拓扑结构	星形拓扑结构
所有计算机共享一定的带宽	每个计算机各自独享一定的带宽

(3) 千(万)兆位以太网：不同速率的以太网交换机可以按层次方式互相连接起来，构

成多层次的局域网。

(4) 无线局域网：它是WLAN局域网与无线通信技术结合的产物,使用无线电波作传输介质,采用的协议主要有802.11及蓝牙等标准。蓝牙(IEEE802.15)是一种近距离无线数字通信的技术标准。

4.3 因特网的组成

1. TCP/IP协议

TCP/IP是网络互连的工业标准,它包含了100多条协议,其中：TCP(传输控制协议)和IP(网际协议)是两个最基本、最重要的协议。

2. IP地址

因特网上的每台计算机使用IP地址作为其标识,网络上每台计算机都有一个与众不同的唯一的IP地址。IP地址的格式：包含网络号和主机号两个部分(图4-1)。

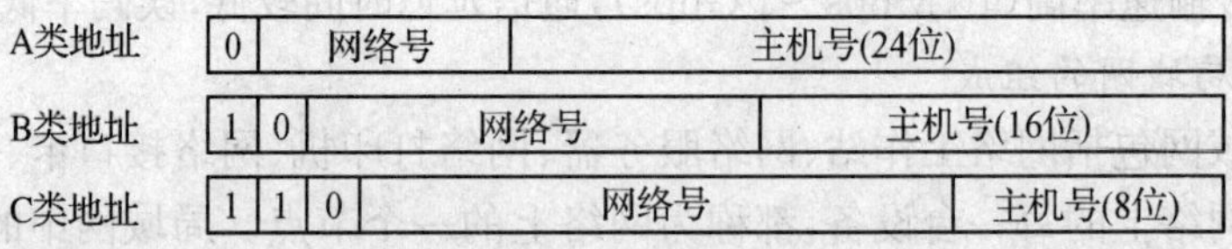

A类地址	0	网络号	主机号(24位)
B类地址	1 0	网络号	主机号(16位)
C类地址	1 1 0	网络号	主机号(8位)

图4-1 IP地址的格式

IP地址是一个32位的地址码,书写和记忆很不方便。

“点分十进制”表示：用四个十进制数来表示一个IP地址,每个十进制数对应IP地址中的8位(1个字节),相互间用小数点“.”隔开(图4-2)。

IP地址	首字节取值	网络号取值	举　例
A类	1～126	1～126	61.155.13.142
B类	128～191	128.0～191.255	128.11.3.31
C类	192～223	192.0.0～223.255.255	202.119.36.12

图4-2 IP地址的分类

3. IP数据报

相互连接的异构网络,它们使用的数据包(或帧)格式互不兼容,因此,不能直接将一个网络送来的包传送给另一个网络。

解决方法：IP协议定义了一种独立于各种物理网的统一的数据包格式,称为IP数据报。

4. 路由器

路由器是一种能够连接异构网络的分组交换机。其作用是：按照路由表在网络之间转发数据包,根据需要对数据包的格式进行转换。

路由器的IP地址设置：当路由器某端口连接一个物理网络时,该端口应分配IP地址,该IP地址的网络号必须与所连接物理网络的网络号相同。

同一路由器会拥有多个不同的 IP 地址。

5. 因特网

因特网(互联网)是将遍布世界各地的计算机网络互连而成的一个超级计算机网络。

ISP 是因特网服务提供商,拥有自己的通信线路,拥有从因特网管理机构申请得到的许多 IP 地址。

用户计算机若要接入因特网,必须获得 ISP 分配的 IP 地址:

● 对于单位用户,ISP 通常分配一批地址(如一个或若干个 C 类网络号),单位的网络中心再对网络中的每一台主机指定其子网号和主机号,使每台计算机都有固定的 IP 地址。

● 对于家庭用户,ISP 一般不分配固定的 IP 地址,而采用动态分配的方法。即上网时由 ISP 的 DHCP 服务器临时分配一个 IP 地址,下线时立即收回给其他用户使用。

6. 域名

因特网采用 TCP/IP 协议,由大量网络和计算机互连而成,网络中的每一台主机都有一个 IP 地址。

因特网采用域名(domain name)作为 IP 地址的文字表示,易用易记。例如:

南京大学的 WWW 服务器的 IP 地址是:202.119.32.7;它对应的域名是:www.nju.edu.cn。

用户可以按 IP 地址访问主机,也可按域名访问主机。一个 IP 地址可对应多个域名,一个域名只能对应一个 IP 地址。主机从一个物理网络移到另一个网络时,其 IP 地址必须更换,但可以保留原来的域名。

域名的格式:5 级域名.4 级域名.3 级域名.2 级域名.顶级域名。例如:

● 中国南京大学校园网 www 服务器的域名为:

www.nju.edu.cn

主机名.网络名.机构名.国家名

● 美国哈佛大学校园网 www 服务器的域名为:

www.harvard.edu

主机名.网络名.机构名

域名命名规则:只允许使用字母、数字和连字符,以字母或数字开头并结尾,域名总长度不超过 255 个字符。

● 顶级域名规定:

国际顶级域名:int(国际组织);

国家顶级域名:例如:cn(中国),uk(英国);

通用顶级域名〈机构名〉:com(营利性组织),net(网络服务机构);

美国专用:org,edu,gov,mil 等。

● 我国对二级域名的规定:

机构类别域名:ac 科研机构,com 企业,net 网络服务机构,org 非营利性组织,edu 教育机构,gov 政府部门;

行政区域域名:例如:bj 北京,sh 上海,js 江苏。

7. 域名系统

将域名翻译成 IP 地址的软件称为域名系统 DNS,运行域名系统的主机叫做域名服务器。一般来讲,每一个网络均要设置一个域名服务器,通过域名服务器来实现入网主机名字和IP地址的转换。

8. 因特网的接入

(1) 电话拨号接入

通过本地公用电话网接入计算机网络,采用电话Modem(调制解调器),最高传输速率:56 Kbps。

缺点:传输速率低、每次都要拨号、上网时不能通电话、费用不便宜。

(2) ADSL

不对称数字用户线(ADSL),通过本地公用电话网接入计算机网络,设备采用ADSL Modem+以太网网卡,原理:频分多路复用+数字调制。

传输速率:上传速度:64～256 Kbps,下行速度:1～8 Mbps。

特点:上网和通话互不影响;不需要缴付额外的电话费;速率可根据线路情况调整。

(3) 有线电视网接入

有线电视已经广泛采用光纤同轴电缆混合网(Hybrid Fiber Coaxial,简称HFC)进行信息传输。HFC主干线部分采用光纤连接到小区,然后在"最后1公里"时使用同轴电缆以树枝型总线方式接入用户居所。

HFC网络接入因特网时,大部分采用传统的高速局域网技术,但最重要的组成部分也就是同轴电缆到用户电脑这一段,使用的是电缆调制解调器(Cable Modem)技术。

Cable Modem的基本原理与ADSL相似。

(4) 光纤接入

光纤接入网指的是使用光纤作为主要传输介质的远程网接入系统。

在交换机一侧,应将电信号转换为光信号,以便在光纤中传输,到达用户端之后,要使用光网络单元(ONU)将光信号转换成电信号,然后再传送到计算机。

(5) 无线接入(图4-3)

接入技术	使用的接入设备	数据传输速率	说明
无线局域网(WLAN)接入	Wi-Fi无线网卡,无线接入点	11～100 Mbps	必须在安装有接入点(AP)的热点区域中才能接入
GPRS移动电话网接入	GPRS无线网卡	56～114 Kb/s	方便,有手机信号的地方就能上网,但速率不快、费用较高
3G移动电话网接入	3G无线网卡	几百Kbps～几Mbps	方便,有3G手机信号的地方就能上网,但费用较高

图4-3 几种无线接入技术比较

4.4 因特网提供的服务

1. 电子邮件地址的构成

每个电子邮箱都有一个唯一的邮件地址。邮件地址由两部分组成:第一部分邮箱名,第二部分为邮箱所在的主机域名，两者之间用@隔开。

2. 电子邮件的组成

电子邮件一般由三个部分组成：第一部分是邮件的头部，包括发送方地址、接收方地址、抄送方地址，主题等；第二部分是邮件的正文，即信件的内容；第三部分是邮件的附件，附件中可以包含一个或多个任意类型的文件。

3. 电子邮件的工作原理

使用电子邮件的用户应在自己的计算机中安装一个电子邮件程序，该程序由两部分组成：一是邮件的读写程序，它负责撰写、编辑和阅读邮件；另一部分是邮件收发程序，它负责发送邮件和从邮箱取出邮件。

发送邮件时，邮件传送程序必须与远程的邮件服务器建立 TCP 连接，并按照 SMTP（简单邮件传输协议）协议传输邮件。如果接收方邮箱在服务器上确实存在，才进行邮件的发送，以确保邮件不会丢失。

接收邮件时，它按照 POP3 协议向邮件服务器提出请求，只要用户输入的身份信息（如用户名和密码）正确，就可以从自己的邮箱内读取邮件。邮件服务器上运行的软件一边执行 SMTP 协议，负责接收电子邮件并将它存入收件人的邮箱，一边还执行 POP3 协议，鉴别邮件用户的身份，对收件人邮箱的存取进行控制。

4. WWW 的含义

Web 网，即 WWW(World Wide Web)，也可译作万维网、环球网、3W 网。Web 网由遍布在因特网中被称为 Web 服务器的计算机和安装了 WWW 浏览器软件的计算机所组成。Web 服务器中存放着大量以超文本形式表示的、可公开发布或在一定范围内可共享的信息。

5. 网页与 HTML 语言

Web 服务器中向用户发布的文档通常称为网页（Webpage），一个单位或者个人的主网页称为主页（Homepage）。网页是一种采用 HTML 超文本标记语言描述的超文本文档，其文件后缀为. html 或. htm。HTML 是 W3C 制定的一种标准的超文本标记语言。

6. 统一资源定位器 URL

用户运行浏览器软件时，需要使用统一资源定位器 URL 才能访问网页。URL 由两部分组成：

第一部分：客户端希望得到主机提供的哪一种服务。

第二部分：主机名和网页在主机上的位置。

当用户需要访问 Web 服务器上的网页时，URL 的表示形式为：

http：//主机域名[：端口号]/文件路径/文件名

其中，http 表示客户端和服务器执行 HTTP 传输协议，将远程 Web 服务器上自文件（网页）传输给用户的浏览器；主机域名指的是提供此服务的计算机的域名；端口号通常是默认的，例如 Web 服务器使用的是 80，一般不需要给出；“/文件路径/文件名”指的是网页在 Web 服务器中的位置和文件名。

7. 超级链接（又称超链接）

HTML 文档最重要的特性是它能支持超链接。超链接的链源可以是文本中的任何一个字、词或句子，甚至可以是一幅图像。链宿可以是另一个 Web 服务器上的某个信息资源，它用URL指出,也可以是文本内部标记有书签的某个地方。HTML文档中指出超链接链源的机制被称作为锚(anchor)。

8. http协议与Web浏览器

Web是按客户/服务器模式工作的。Web服务器上运行着WWW服务器程序,它们是信息资源的提供者,用户计算机上运行的是WWW客户机程序(例如微软公司的IE浏览器),用来帮助用户完成信息的查询与浏览。浏览器主要有两个功能:将用户的信息请求传送给Web服务器;向用户展现从Web服务器得到的信息。当用户给定了一个文档的URL之后,浏览器开始与URL指定的计算机进行通信,请求服务器发送文档,Web服务器接到请求后,就将相应的文档传送给浏览器,程序便对HTML文档进行解释,并将其内容显示给用户。浏览器与服务器都遵循超文本传输协议HTTP,HTTP定义了浏览器发送给服务器的请求格式及服务器返回给浏览器的应答格式。

Web浏览器和服务器之间的连接只维持一小段时间,浏览器建立连接、发送请求,然后接收请求的信息,一旦文档传输完毕,连接就被关闭。Web服务器程序重复地执行着一个简单的任务:等待浏览器建立一个连接并提出请求,随后服务器便发送所请求的网页,发送完毕就关闭连接然后等待下一次连接。Web浏览器的结构比Web服务器复杂一些。浏览器除了建立连接、发出请求、接收服务器传送来的文档之外,还要对HTML文档进行解释并显文档的内容。

Web浏览器一个最重要的特性是可以包含若干可选项,因而它不仅能获取和浏览网页,而且还能完成其他传统的Internet服务,包括E-mail、Telnet、FTP、Gopher和Usenet News(电子公告板服务)等,服务类型指的是浏览器希望主机提供的服务,除了http(网页浏览)之外,目前常用的还有如下几种:

ftp:执行FTP协议,使远程FTP服务器与用户的计算机进行远程文件传输操作。

mailto:执行SMTP协议,向远程计算机发送电子邮件。

telnet:执行Telnet协议,向远程计算机进行远程登录。

news:执行NNTP协议,远程计算机提供网络新闻服务。

4.5 网络信息安全

1. 计算机网络的主要安全问题

(1) 真实性鉴别。对通信双方的身份和所传送信息的真伪准确地进行鉴别。

(2) 访问控制。控制不同用户对信息等资源的访问权限,防止未授权用户使用资源。

(3) 数据加密。保护数据秘密,未经授权,其内容不会显露。

(4) 数据完整性。保护数据不被非法修改,使数据在传送前后保持完全相同。

(5) 数据可用性。保护数据在任何情况(包括系统故障)下不会丢失。

(6) 防止否认。接收方要发送方不否认信息是它发出的,而不是别人冒名发送的,发送方也要求接收方不否认已经收到信息。

(7) 审计管理。监督用户活动、记录用户操作等。

2. 常用的数据加密技术

对称密钥加密系统:消息的收发双方使用相同的密钥,该密钥仅有收发双方知道。发送方用该密钥对明文进行加密，然后将密文传输至接收方，接收方再用相同的密钥对收到的密文进行解密。

公共密钥加密系统：它给每个用户分配一对密钥，一个称为私有密钥，是保密的，只有用户本人知道；一个称为公共密钥，是可以让其他用户知道的。首先用接受方的公共密钥对待发信息进行加密，再用接收方的私钥对收到的消息进行解密。公共密钥加密系统的密钥分配和管理比对称密钥加密系统简单，但是速度远赶不上对称密钥加密系统。

3. 数字签名

数字签名是附加在消息上并随着消息一起传送的一串代码，使用公共密钥系统，发送方通过使用自己的私钥对消息加密，得到数字签名；接收方通过使用发送方的公共密钥对消息解密，实现验证。

4. 双重加密

发送方先用自己的私钥对消息进行加密，再用接收方的公钥对已加密的消息进行再加密；当接收方收到消息后，用自己的私钥解除最外层加密，然后用发送方的公钥解除内层加密。该过程可实现身份验证和保密性。

5. 身份鉴别和访问控制

身份鉴别也称为身份认证，其目的是为了防止欺诈和假冒攻击。身份鉴别一般在用户登录某个计算机系统或者访问某个资源时进行，在传送一些重要数据时也需要进行身份鉴别。最简单最普遍的方法是使用口令。

身份鉴别是访问控制的基础。系统中信息资源的访问必须进行有序的控制，这是在身份鉴别之后根据用户的不同身份而进行授权的。访问控制的任务是：对系统内的每个文件或资源规定各个用户对它的操作权限。

6. 计算机病毒的概念

计算机病毒是一些黑客蓄意编制的一种具有寄生性的计算机程序，能通过自我复制进行传播，在一定条件下被激活，对计算机系统造成一定损害甚至严重破坏。

7. 计算机病毒的特点

(1) 破坏性；

(2) 隐蔽性；

(3) 传染性和传播性；

(4) 潜伏性。

8. 计算机病毒的防范

为了防治计算机病毒，应采用以下防治措施：

(1) 启动系统时，应使用硬盘引导，不要用软盘引导。

(2) 对重要文件和数据要定时进行备份。

(3) 不要将重要文件和数据存放在系统盘上。

(4) 不要使用盗版软件，尽量避免使用外来的软盘和网络上的外来软件，并对用户自己的软盘经常使用“写保护”措施。

(5) 定期对计算机进行查毒、杀毒工作。

(6) 安装防病毒软件，并经常更新查毒、杀毒软件。

例题分析

一、选择题分析

【例1】 计算机网络将地理位置分散而功能独立的多个计算机通过有线或无线的________连接起来。

A. 通信线路　　B. 传输介质　　C. 信道　　D. 特殊物质

分析：一个网络可能会使用几种不同的电缆，如光缆、同轴电缆和双绞线。有些局域网通过无线电或者红外线进行数据传输，光缆、同轴电缆、双绞线、无线电和红外线等皆属于传输介质。

答案：B

【例2】 ________是为了确保计算机之间能进行互连并尽可能少地发生信息交换错误而制定的一组规则或标准。

A. 通信模式　　B. 通信方式　　C. 通信协议　　D. 通信线路

分析：通信协议是为了确保计算机之间能进行互连并尽可能少地发生信息交换错误而制定的一组规则或标准。网络中的所有硬件设备和软件必须遵循一系列的协议才能高度协调地进行工作。

答案：C

【例3】 在计算机网络中通信子网负责数据通信，它由________和________组成。

A. 通讯媒介和中继器　　B. 传输介质和路由器

C. 通信链路和路由器　　D. 通信链路和节点交换机

分析：计算机网络的组成部分中包括通信子网，它由一些通信链路和节点交换机(也叫通信处理机)组成，用于进行数据通信。

答案：D

【例4】 安装在服务器上的操作系统，一般不选用________。

A. Unix　　B. Windows 98　　C. Linux　　D. Netware

分析：在客户/服务器模式的网络中，安装 Windows 98 的计算机一般只能作为网络上的客户机，网络中作为服务器使用的计算机必须安装专门的网络操作系统，如 Unix、Linux、Windows NT Server、Windows 2000、Windows Server2003、Netware 等。

答案：B

【例5】 交换式局域网与总线结构局域网的最大区别在于________。

A. 前者采用星型拓扑结构，而后者采用总线型拓扑结构

B. 前者传输介质是光纤，而后者是同轴电缆

C. 前者每一个节点独享一定的带宽，而后者是所有节点共享一定的带宽

D. 它们的信息帧格式不同

分析：交换式以太网采用的是星型拓扑结构，总线式以太网采用了总线型拓扑结构。以太网的传输介质，网卡和传输的信息帧格式都一样，它们的区别在于前者连接在交换机上的每一个节点各自独享一定的带宽，而后者却是网上所有节点共享一定的带宽(总线的带

宽)。

答案:C

【例 6】 将一个部门中的多台计算机组建成局域网可以实现资源共享。在下列有关局域网的叙述中,错误的是________。

A. 局域网必须采用 TCP/IP 协议进行通信

B. 局域网一般采用专用的通信线路

C. 局域网可以采用的工作模式主要有对等模式和客户/服务器模式

D. 构件以太(局域)网时,需使用集线器或交换器等网络设备,一般不需要路由器

分析:局域网(LAN)指较小地域范围(1 公里或几公里)内的计算机网络,一般是一幢建筑物内或一个单位几幢建筑物内的计算机互连成网。局域网常见于公司、学校、政府机构,是计算机网络中最流行的一种方式,全世界估计有上百万个计算机局域网。计算机局域网的主要特点是:为一个单位所拥有,地理范围有限;使用专门铺设的共享的传输介质进行联网;数据传输速率高(10 Mbps~1 Gbps),通信延迟时间短,误码率低。局域网除了可以采用 TCP/IP 协议进行通信之外,还可以采用其他协议进行通信,例如,IPX/SPX 等。

答案:A

【例 7】 在下列有关常见局域网、网络设备以及相关技术的叙述中,错误的是________。

A. 以太网是最常用的一种局域网,它采用总线结构

B. 每个以太网网卡的介质访问地址(MAC 地址)是全球唯一的

C. 无线局域网一般采用无线电波或红外线进行数据通信

D. 蓝牙是一种远距离无线通信的技术标准,适用于山区住户组建局域网

分析:蓝牙是一种近距离无线通信的技术标准,它是 802.11 的补充。蓝牙的特点是:最高数据传输速率 1 Mbps,传输距离为 10 cm~10 m,通过增加发射功率可达到 100 m。蓝牙技术适合于办公室或家庭环境的无线网络。

答案:D

【例 8】 下面________不是计算机局域网的主要特点。

A. 地理范围有限　　B. 数据传输速率高

C. 通信延迟时间较低,可靠性较好　　D. 构建比较复杂

分析:计算机局域网(LAN)的特点有:(1) 为一个单位所拥有,地理范围有限。(2) 使用专用的、多台计算机共享的传输介质,数据传输速率高。(3) 通信延迟时间较低,可靠性较好。

答案:D

【例 9】 分组交换也称为包交换,这种交换方式有许多优点,下面说法中错误的是________。

A. 线路利用率较高

B. 可以给数据包建立优先级,使得一些重要的数据包能优先传递

C. 收发双方不需同时工作

D. 反应较快,适合用于实时或交互通信方式的应用

分析:分组交换方式的优点是:

(1) 线路利用率较高。

(2) 收发双方不需同时工作。

(3) 可以给数据包建立优先级,使得一些重要的数据包能优先传递。

缺点是延时较长,不适宜用于实时或交互通信方式的应用。

答案:D

【例 10】 接入 Internet 的方式不同,则所需设备和上网性能也有所不同。在下列几种 Internet 接入方式中,从现有技术来看,上网速度最快的是________。

A. ISDN　　　　B. ADSL

C. FTTx+ETTH　　　　D. Cable Modem 技术

分析:ISDN 通过标准的数字式的用户—网络接口将各类不同的终端(PC、电话机、传真机等)接入到 ISDN 网络中。如果两个通道都用作数据传输,则可提供速率为 28 Kbps 的数据通信。

标准 ADSL 的数据上传速度一般只有 64~256 Kbps,最高达 1 Mbps,而数据下行速度在理想状态下可以达到 8 Mbps(通常情况下为 1 Mbps 左右)。有效传输距离一般在 3~5 km。

"光纤到楼、以太网入户"(FTTx+ETTH)采用 1000 Mbps 光纤以太网作为城域网的干线,实现 1000 M/100 M 以太网到大楼和小区,再通过 100 M 以太网到楼层或小型楼宇,然后以 10 M 以太网入户或者到办公室和桌面,满足了多数情况下用户对接入速度的需求。

Cable Modem 在上传数据和下载数据时的数率是不同的。数据下行传输时的数率可达 36 Mb/s,而上传信道采用低速调制方式,一般为 320 Kb/s~10 Mb/s。

答案:C

【例 11】 在建立网络时,会使用到多种网络设备。要将多个独立的子网互连,如广域网与局域网互连,应当使用的设备是________。

A. 交换机　　　　B. 路由器　　　　C. 调制解调器　　　　D. 集线器

分析:集线器是一种提供数据终端设备间连通用的设备;交换机是实现两个通信终端间建立临时连接和传输信息的设备;调制解调器一般用于通过电话线拨号上网;路由器用于互连两个或多个独立的子网,如局域网与广域网互连。

答案:B

【例 12】 广域网是一种跨越很广地域范围的计算机网络,下面说法正确的是________。

A. 广域网是一种公用计算机网,所有计算机都可无条件地接入

B. 广域网能连接任意多的计算机,也能将相距任意远的计算机连接起来

C. 广域网像很多局域网一样按广播方式进行通信

D. 广域网使用专用地通信线路,数据传输速率很高

分析:一台计算机要想接入广域网,必须经过网络服务提供商的许可,获得一个用户账号,不是所有计算机都能无条件的接入,所以 A 错误。广域网虽然支持广播通信方式,但一般采用点到点方式进行通信,所以 C 说法是不对的。广域网大多使用电信系统的公用数据通信线路作为传输介质,因此传输速率会受到线路繁忙程度的影响,有时会比较低,所以 D 说法也是不对的。

答案:B

【例13】 Internet中使用最广泛的协议是________。

A. SMTP协议 B. SDH/SONET协议

C. OSI/RM协议 D. TCP/IP协议

分析：目前在网络互连中用得最广泛的是TCP/IP协议。事实上，TCP/IP是一个协议系列，它已经包含了100多条协议，TCP(Transmission Control Protocol，传输控制协议)和IP(Internet Protocol，网际协议)是其中两个最基本、最重要的协议。

答案：D

【例14】 若某用户E-mail地址为xiaoli@163.com.cn，那么该邮件服务器的域名是________。

A. xiaoli B. 163 C. 163.com.cn D. com.cn

分析：每个电子邮箱都有一个唯一的邮件地址。邮件地址由两部分组成，第一部分邮箱名，第二部分为邮箱所在的主机域名，两者之间用@隔开。

答案：C

【例15】 Fun中国公司网站上提供Fun子公司全球各子公司的链接网址，其中WWW.FUN.COM.CN表示Fun公司________的子公司网站。

A. 美国 B. 日本 C. 中国 D. 英国

分析：由于Internet起源于美国，所以美国通常不使用国家代码作为第一级域名，其他国家一般采用国家代码作为第一级域名。中国为cn，日本为jp，英国为uk。

答案：C

【例16】 下面对于IP数据报的叙述中，错误的是________。

A. IP数据报是独立于各种物理网的数据包的格式

B. 头部的信息主要是为了确定在网络中进行数据传输的路由

C. 数据部分的长度可以改变，最大为56 KB

D. IP数据报只由头部和数据区两部分组成

分析：为了克服网络之间的异构性，IP协议定义了一种独立于各种物理网的数据包的格式，称为IP数据报(IP datagram)。IP数据报由两部分组成，即头部和数据区。头部的信息主要是为了确定在网络中进行数据传输的路由，数据部分最大的时候可以达到64 KB。

答案：C

【例17】 随着Internet的飞速发展，其提供的服务越来越多。在下列有关Internet服务及相关协议的叙述中，错误的是________。

A. 电子邮件是Internet最早的服务之一，主要使用SMTP/POP3协议

B. WWW是目前Internet上使用最广泛的一种服务，常使用的协议是HTTP

C. 文件传输协议(FTP)主要用于在Internet上浏览网页时控制网页文件的传输

D. 远程登录也是Internet提供的服务之一，它采用的协议称为Telnet

分析：FTP协议规定，需要进行文件传输的两台计算机应按照客户/服务器模式工作，主动要求文件传输的发起方是客户方，运行FTP客户程序；参与文件传输的另一方为服务方，运行FTP服务器程序，两者协同完成文件传输任务。

答案：C

【例18】 TCP/IP协议与OSI/RM协议有不少的差异，如OSI/RM分为七个层次，而

TCP/IP 分为三个层次。其中 TCP/IP 中的 IP 层相当于 OSI 中的________。

A. 应用层　　B. 网络层　　C. 传输层　　D. 物理层

分析:TCP/IP 的最高层是应用层,相当于 OSI 的最高三层。TCP 层相当于 OSI 的运输层;IP 层相当于 OSI 的网络层。

答案:B

【例 19】 IP 地址和域名的说法错误的是________。

A. 一台主机只能一个 IP 地址,相对应的域名也只能有一个

B. 除美国以外,其他国家一般采用国家代码作为最高域名

C. 域名必须以字母或数字开头并结尾,总长不得超过 255 个字符

D. 主机地址全为 0 的 IP 地址,称为网络地址

分析:域名仅仅是因特网中一台主机的符号名字,它有利于帮助人们记忆,但不具有唯一标识主机的作用。网络中一台主机的唯一标识是 IP 地址,任何主机都必须有且仅有一个 IP 地址,但是域名可以没有,也可以有很多个,所有 A 错误。域名使用的字符可以是字母、数字和连字符,但必须以字母或数字开头并结尾。整个域名的总长不得超过 255 个字符。

答案:A

【例 20】 在 TCP/IP 协议中,远程登录使用的是________协议。

A. Telnet　　B. FTP　　C. http　　D. UDP

分析:远程登录(Telnet),执行 Telnet 协议,向远程计算机进行远程登录。文件传输(FTP),执行 FTP 协议,使远程 FTP 服务器与用户的计算机进行远程文件传输操作。

答案:A

【例 21】 下列四项中,非法的 IP 地址是________。

A. 160.11.201.10　　B. 211.110.59.260

C. 221.45.67.09　　D. 137.57.0.111

分析:IP 地址由四段组成,用由圆点分隔的四组十进制数表示,每组的取值范围是 1~255。选项 B 中 260 超出范围,因此是非法的 IP 地址。

答案:B

【例 22】 关于计算机病毒的叙述,错误的是________。

A. 凡是软件能用到的计算机资源(程序、数据、硬件)均能受病毒破坏

B. 计算机病毒是一些黑客蓄意编制的一种具有寄生性的计算机程序

C. 计算机病毒是人为制造的,可以由制造者控制住

D. 大多数病毒隐藏在可执行程序或数据文件中,不容易被发现

分析:计算机安全性中的一个特殊问题是计算机病毒。计算机病毒是一些黑客蓄意编制的一种具有寄生性的计算机程序,所有计算机病毒都是人为制造出来的,一旦扩散开来,制造者自己也很难控制。

答案:C

【例 23】 目前,许多用户在计算机中安装了防(杀)病毒软件来预防计算机病毒。以下有关计算机病毒及防(杀)病毒软件的叙述中,不正确的是________。

A. 任何防(杀)病毒软件都应该经常更新(升级)

B. 用户在上网浏览 WWW 信息时,计算机也可能被计算机病毒感染

C. 任何防病毒软件都只能预防已知的病毒，但只要能查出的病毒均能完全地清除

D. 计算机病毒主要是通过可移动的存储介质或网络来进行传播的

分析：由于防病毒软件的开发总是稍滞后于新病毒的出现，因此防病毒软件并不能总是对所有查出的病毒均能完全地清除。

答案：C

二、是非题分析

【例 1】 计算机网络是计算机技术与通信技术相结合的产物。

分析：计算机网络是利用通信设备和网络软件，将地理位置分散而功能独立的多台计算机(及其他智能设备)以相互共享资源和进行信息传递为目的连接起来的一个系统。计算机网络是计算机与通信相结合的产物，是一个非常复杂的系统。

答案：Y

【例 2】 电路交换是一种常用的交换技术，这种交换方式的缺点是延时较长，不适宜用于实时或交互通信方式的应用。

分析：电路交换又叫线路交换。这种交换方式比较简单，特别适合远距离成批数据传输，建立一次连接就可以传送大量数据。缺点是线路的利用率低，通信成本高。

分组交换的缺点是延时较长，不适宜用于实时或交互通信方式的应用。

答案：N

【例 3】 交换式局域网是一种总线型拓扑结构的网络，它的基本组成部件是一个中继器。

分析：交换式局域网是一种星形拓扑结构的网络，它的基本组成部件是一个电子交换器，上面的每个节点独享一定的带宽。

答案：N

【例 4】 访问控制是身份鉴别的基础，其任务是对系统内的每个文件或资源规定各个用户对它的操作权限。

分析：身份鉴别是访问控制的基础。访问控制的任务是：对系统内的每个文件或资源规定各个用户对它的操作权限。

答案：N

【例 5】 局域网上的每一个节点都有网卡，所有局域网使用相同类型的网卡。

分析：网络上的每一台设备，都称为网络上的一个节点，每一个节点都有一块网络接口卡(NIC，简称网卡)，网卡通过电缆将节点与网络连接起来。不同类型的网络使用不同类型的网卡。

答案：N

【例 6】 在 IP 地址中，各种不同类型地址的主机号的二进制位数是相同的。

分析：每个 IP 地址使用 4 个字节(32 个二进位)表示，IP 地址空间划分为三个基本类，每类有不同长度的网络号和主机号。

答案：N

三、填空题分析

【例 1】 调制解调器(Modem)是用来实现信号调制和解调功能的一种专用设备，常用的调制技术有________、________、________。

分析：利用载波传送数据时，发送方利用“0”和“1”的区别略微调整一下正弦波信号的幅度(或频率，或相位)，这个过程称为“调制”。根据调整幅度、频率或相位的不同，有调幅、调频和调相三种调制技术。

答案：调幅、调频和调相

【例 2】 为了实现任意两个节点间的通信，以太网中的每个节点都有一个唯一的物理地址称为________。

分析：为了实现总线上任意两个节点之间的通信，局域网中的每个节点都有一个唯一的地址，称为介质访问地址(Media Access Address，简称 MAC 地址)。

答案：介质访问地址

【例 3】 由于计算机网络传输介质的传输容量大于一路信号传输的传输容量，为提高介质利用率，提出了________技术。

分析：由于计算机网络传输介质的传输容量大于一路信号传输的传输容量，为了提高传输线路的利用率，采取多路数据传输合用一条传输线，这就是多路复用技术。

答案：多路复用

【例 4】 若 IP 地址为 130.24.35.68，则该地址属于________类地址。

分析：看首字节，1～126 是 A 类；128～191 是 B 类；192～223 是 C 类。

答案：B

自我检测

一、判断题

1. E-mail 只能传送文本、图形和图像信息，不能传送音乐信息。
2. IE 浏览器是计算机的一种输出设备。
3. 电子邮件是因特网中广泛使用的一种服务。Someone. sina. com. cn 就是一个合法的电子邮件地址。
4. 分组交换必须在数据传输之前先在通信双方之间建立一条固定的物理连接线路。
5. 分组交换网的基本工作方式是数模转换。
6. 计算机局域网中的传输介质只能是同类型的，要么全部采用光纤，要么全部采用双绞线，不能混用。
7. 局域网利用电信局提供的通信线路进行数据通信，接入局域网的计算机台数可以不受限制。
8. 局域网中网络服务器上必须安装微软公司的 Windows 操作系统。
9. 杀毒软件的病毒特征库汇集了所有病毒的特征，因此可以查杀所有病毒，能有效保护信息。
10. 实现无线上网方式的计算机内不需要安装网卡。
11. 为使两台计算机能进行信息交换，必须使用电缆将它们互相连接起来。
12. 用户浏览不同网站的网页时，需要选用不同的 Web 浏览器，否则就无法查看该网页的内容。
13. 在考虑网络信息安全时,必须不惜代价采取一切安全措施。
14. 在脱机(未上网)状态下是不能撰写邮件的,因为发不出去。
15. 在网络环境下,数据安全是一个重要的问题,所谓数据安全就是指数据不能被外界访问。
16. 在网络信息安全的措施中,访问控制是身份认证的基础。
17. 只要不上网,计算机就不会感染计算机病毒。
18. Windows 操作系统中的"帮助"文件(hlp 文件)提供了超文本功能,超文本采用的信息组织形式为网状结构。
19. "蓝牙"是一种近距离无线数字通信的技术标准,适合于办公室或家庭内使用。
20. FTP 在因特网上有着大量的应用,其中有很多 FTP 站点允许用户进行匿名登录。
21. Web 浏览器通过统一资源定位器 URL 向 WWW 服务器发出请求,并指出要浏览的是哪一个网页。
22. 不同类型的局域网,其使用的网卡、MAC 地址和数据帧格式可能并不相同。
23. 超文本是对传统文本的扩展,除了传统的顺序阅读方式外,还可以通过导航、跳转、回溯等操作,实现对文本内容更为方便的访问。
24. 超文本中超链接的链宿可以是文字,还可以是声音、图像或视频。
25. 防火墙是一个系统或一组系统,它可以在企业内网与外网之间提供一定的安全保障。
26. 分组交换机是一种带有多个端口的专用通信设备,每个端口都有一个缓冲区用来保存等待发送的数据包。
27. 构建无线局域网时,必须使用无线网卡才能将 PC 接入网络。
28. 计算机病毒也是一种程序,它在某些条件下激活,起干扰和破坏作用,并能传染到其他计算机。
29. 将大楼内的计算机使用专线连接在一起构成的网络一般称为局域网。
30. 身份认证的目的是为了防止欺诈和假冒攻击。
31. 网络上用来运行邮件服务器软件的计算机称为邮件服务器。
32. 网页中的超级链接由链源和链宿组成,链源可以是网页中的文本或图像,链宿可以是本网页内部有书签标记的地方,也可以是其他 Web 服务器上存储的信息资源。
33. 一个完整的 URL 由协议、服务器地址及端口号和网页等部分组成。
34. 一个有效的防火墙应该能够确保:所有从因特网流入或流向因特网的信息都将经过防火墙;所有流经防火墙的信息都应接受检查。
35. 用户在考虑网络信息安全问题时必须在安全性和实用性(成本)之间采取一定的折中。
36. 在计算机系统中,单纯采用令牌(如 IC 卡,磁卡等)进行身份认证的缺点是丢失令牌将导致他人能轻易进行假冒,从而带来安全隐患。

二、选择题

1. 辨别用户真实身份常采用的安全措施是________。
   A. 身份认证　　B. 数据加密　　C. 访问控制　　D. 审计管理
2. 计算机广域网的主干线路通常是高速大容量的数字通信线路,目前广泛采用的是________。

A. 光纤高速传输干线　　B. 数字电话线路
C. 卫星通信线路　　D. 微波接力通信

3. 电缆调制解调技术(Cable Modem),使用户利用家中的有线电视电缆一边看电视一边上网成为可能。这是因为它采用了________复用技术。
A. 时分多路　　B. 频分多路
C. 波分多路　　D. 频分多路和时分多路

4. 下面关于C类IP地址说法正确的是________。
A. 它适用于中型网络
B. 所在网络最多只能连接254台主机
C. 它用于多目的地址发送(组播)
D. 它为今后扩充而保留

5. 为确保企业局域网的信息安全,防止来自Internet的黑客入侵,采用________可以实现一定的防范作用。
A. 网络计费软件　　B. 网络计费软件
C. 防火墙软件　　D. 防病毒软件

6. 以下所列技术中,下行流比上行流传输速率更高的是________。
A. 普通电话Modem　　B. ISDN
C. ASDL　　D. 光纤接入网

7. 将网络划分为广域网(WAN)、城域网(MAN)和局域网(LAN)主要是依据________。
A. 接入计算机所使用的操作系统　　B. 接入的计算机类型
C. 网络拓扑结构　　D. 网络覆盖的地域范围

8. 在C/S模式的网络数据库体系结构中,应用程序都放在________上。
A. Web浏览器　　B. 数据库服务器
C. Web服务器　　D. 客户机

9. 目前最广泛采用的局域网技术是________。
A. 以太网　　B. 令牌环　　C. ARC网　　D. FDDI

10. 下列关于有线通信的描述中,错误的是________。
A. 同轴电缆的信道容量比光纤高很多
B. 同轴电缆具有良好的传输特性及屏蔽特性
C. 有线电视系统进入用户室内所使用的是同轴电缆
D. 有线载波通信系统的信源和信宿之间需有物理线路进行连接

11. 下列通信方式中,________不属于无线通信。
A. 光纤通信　　B. 微波通信
C. 移动通信　　D. 卫星通信

12. 下列有关远程登录与文件传输服务的叙述中,错误的是________。
A. 两种服务都不能通过IE浏览器启动
B. 若想利用因特网上高性能计算机运行大型复杂程序,可使用远程登录服务
C. 若想成批下载服务器上的共享文件,可使用文件传输服务
D. 两种服务都是基于客户/服务器模式工作的

13. 在TCP/IP协议中,远程登录使用的协议是________。
A. telnet B. ftp C. http D. udp
14. WWW浏览器和Web服务器都遵循________协议,该协议定义了浏览器和服务器的网页请求格式及应答格式
A. tcp B. http C. udp D. ftp
15. 常用局域网有以太网、FDDI网等,下面的叙述中错误的是________。
A. 总线式以太网采用带冲突检测的载波侦听多路访问(CSMA/CD)方法进行通信
B. FDDI网和以太网可以直接进行互连
C. 交换式集线器比共享式集线器具有更高的性能,它能提高整个网络的带宽
D. FDDI网采用光纤双环结构,具有高可靠性和数据传输的保密性
16. 计算机网络最有吸引力的特性是资源共享,下列不属于共享范畴的是________。
A. 数据 B. 口令 C. 打印机 D. 硬盘
17. 较其他传输介质而言,下面不属于光纤通信优点的是________。
A. 不受电磁干扰 B. 价格特别便宜
C. 数据传输速率高 D. 保密性好
18. 路由器的主要功能是________。
A. 在传输层对数据帧进行存储转发
B. 将异构的网络进行互连
C. 放大传输信号
D. 用于传输层及以上各层的协议转换
19. 人们往往会用"我用的是10 M宽带上网"来说明自己使用计算机连网的性能,这里的"10 M"指的是数据通信中的________指标。
A. 信道带宽 B. 数据传输速率
C. 误码率 D. 端到端延迟
20. 如果没有特殊声明,匿名FTP服务的登录账号为________。
A. user B. anonymous
C. guest D. 用户自己的电子邮件地址
21. 下列有关网络对等工作模式的叙述中,正确的是________。
A. 对等工作模式中网络的每台计算机要么是服务器,要么是客户机,角色是固定的
B. 对等网络中可以没有专门的硬件服务器,也可以不需要网络管理员
C. Google搜索引擎服务是因特网上对等工作模式的典型实例
D. 对等工作模式适用于大型网络,安全性较高
22. 下面对于网络信息安全的认识,正确的是________。
A. 只要加密技术的强度足够高,就能保证数据不被非法窃取
B. 访问控制的任务是对每个文件或信息资源规定各个用户对它的操作权限
C. 硬件加密的效果一定比软件加密好
D. 根据人的生理特征进行身份鉴别的方式在单机环境下无效
23. 以下IP地址中可用作某台主机IP地址的是________。
A. 62.26.1.256 B. 202.119.24.5

C. 78.0.0.0　　D. 223.268.129.1

24. 因特网的IP地址由三个部分构成,从左到右分别代表________。

A. 网络号、主机号和类型号　　B. 类型号、网络号和主机号

C. 网络号、类型号和主机号　　D. 主机号、网络号和类型号

25. 有关电缆调制解调技术,以下叙述错误的是________。

A. 采用同轴电缆作为传输介质

B. 是一种上、下行传输速率相同的技术

C. 能提供语音、数据图像传输等多种业务

D. 多个用户的信号都在同一根电缆上传输

26. 在________方面,光纤与其他常用传输介质相比目前还不具有明显优势。

A. 不受电磁干扰　　B. 价格　　C. 数据传输速率　　D. 保密性

27. 在分组交换机路由表中,到达某一目的地的出口与________有关。

A. 包的源地址　　B. 包的目的地址

C. 包的源地址和目的地址　　D. 包的路径

28. Intranet是单位或企业内部采用TCP/IP技术,集LAN、WAN和数据服务为一体的一种网络,它也称为________。

A. 局域网　　B. 广域网　　C. 企业内部网　　D. 万维网

29. 关于交换机和路由表的说法,错误的是________。

A. 广域网中的交换机称为分组交换机或包交换机

B. 每个交换机有一张路由表

C. 路由表中的路由数据是固定不变的

D. 交换机的端口有的连接计算机,有的连接其他交换机

30. 关于因特网防火墙,下列叙述中错误的是________。

A. 它为单位内部网络提供了安全边界

B. 它可防止外界入侵单位内部网络

C. 它可以阻止来自内部的威胁与攻击

D. 它可以使用过滤技术在网络层对IP数据报进行筛选

31. 计算机网络按其所覆盖的地域范围一般可分为________。

A. 局域网、广域网和万维网　　B. 局域网、广域网和互联网

C. 局域网、城域网和广域网　　D. 校园网、局域网和广域网

32. 将异构的计算机网络进行互连通常使用的网络互连设备是________。

A. 网桥　　B. 集线器　　C. 路由器　　D. 中继器

33. 某用户在WWW浏览器地址栏内键入一个URL:http://www.zdxy.cn/index.htm,其中“/index.htm”代表________。

A. 协议类型　　B. 主机域名　　C. 路径及文件名　　D. 用户名

34. 使用Cable Modem是常用的宽带接入方式之一。下面关于Cable Modem的叙述中错误的是________。

A. 它利用现有的有线电视电缆作为传输介质

B. 它的带宽很高,数据传输速度很快

C. 用户可以始终处于连线状态，无需像电话 Modem 那样拨号后才能上网
D. 在上网的同时不能收看电视节目

35. 网络信息安全中，数据完整性是指________。
A. 控制不同用户对信息资源的访问权限
B. 数据不被非法窃取
C. 数据不被非法篡改，确保在传输前后保持完全相同
D. 保证数据在任何情况下不丢失

36. 下面关于计算机局域网特性的叙述中，错误的是________。
A. 数据传输速率高
B. 通信延迟时间短、可靠性好
C. 可连接任意多的计算机
D. 可共享网络中的软硬件资源

37. 以下叙述正确的是________。
A. TCP/IP 协议只包含传输控制协议和网络协议
B. TCP/IP 协议是最早的网络体系结构国际标准
C. TCP/IP 协议广泛用于异构网络的互连
D. TCP/IP 协议包含七个层次

38. 以下有关光纤通信的说法中错误的是________。
A. 光纤通信是利用光导纤维传导光信号来进行通信的
B. 光纤通信具有通信容量大、保密性强、传输距离长等优点
C. 光纤线路的损耗大，所以每隔 1～2 公里距离就需要中继器
D. 光纤通信常用波分多路复用技术提高通信容量

39. 下列关于计算机网络的叙述中，正确的是________。
A. 计算机组网的目的主要是为了提高单机运行效率
B. 网络中所有计算机操作系统必须相同
C. 构成网络的多台计算机其硬件配置必须相同
D. 地理位置分散且功能独立的智能设备也可以接入计算机网络

40. Internet 上有许多应用，其中特别适合用来进行文件操作（例如复制、移动、更名、创建、删除等）的一种服务是________。
A. E-mail　　B. Telnet　　C. WWW　　D. FTP

41. 保证数据的完整性就是________。
A. 保证传送的数据信息不被第三方监视和窃取
B. 保证传送的数据信息不被篡改
C. 保证发送方的真实身份
D. 保证发送方不能抵赖曾经发送过某数据信息

42. 利用有线电视网和电缆调制解调技术（Cable Modem）接入互联网有许多优点，下面叙述中错误的是________。
A. 无需拨号　　B. 不占用电话线
C. 可永久连接　　D. 数据传输独享带宽且速率稳定

43. 网络信息安全措施必须能覆盖信息的存储、传输、________等多个方面。

A. 输入　　B. 显示　　C. 产生　　D. 处理

44. 网络有客户/服务器和对等模式两种工作模式。下列有关网络工作模式的叙述中,错误的是________。

A. Windows 操作系统中的“网上邻居”是按对等模式工作的

B. 在C/S模式中通常选用一些性能较高的计算机作为服务器

C. BT 网络下载服务采用对等工作模式,其特点是“下载的请求越多、下载速度越快”

D. 网络的两种工作模式均要求计算机网络的拓扑结构必须为总线型

45. 下列几种措施中,可以增强网络信息安全性的是________。(1) 身份认证(2) 访问控制(3) 数据加密(4) 防止否认。

A. 仅(1)、(2)、(3)　　B. 仅(1)、(3)、(4)

C. 仅(1)、(2)、(4)　　D. (1)、(2)、(3)、(4)均可

46. 下列有关 IP 数据报的叙述,错误的是________。

A. IP 数据报格式由 IP 协议规定

B. IP 数据报独立于各种物理网络数据帧格式

C. IP 数据报包括头部和数据区两个部分

D. IP 数据报的大小固定为 53 字节

47. 以太网中联网计算机之间传输数据时,它们是以________为单位进行数据传输的。

A. 文件　　B. 信元　　C. 记录　　D. 帧

48. 以下网络服务中,________属于共享硬件资源的服务。

A. 文件服务　　B. 消息服务　　C. 应用服务　　D. 打印服务

49. 以下选项________中所列都是计算机网络中数据传输常用的物理介质。

A. 光缆、集线器和电源　　B. 电话线、双绞线和服务器

C. 同轴电缆、光缆和插座　　D. 同轴电缆、光缆和双绞线

50. 通信的任务就是传递信息。通信至少需由三个要素组成,________不是三要素之一。

A. 信号　　B. 信源　　C. 信宿　　D. 信道

51. 移动通信指的是处于移动状态的对象之间的通信,下面的叙述中错误的是________。

A. 上世纪 70～80 年代移动通信开始进入个人领域

B. 移动通信系统进入个人领域的主要标志就是手机的广泛使用

C. 移动通信系统由移动台、基站、移动电话交换中心等组成

D. 目前广泛使用的 GSM 属于第三代移动通信系统

52. 移动通信系统中关于移动台的叙述,正确的是________。

A. 移动台是移动的通信终端,它是收发无线信号的设备,包括手机、无绳电话等

B. 移动台就是移动电话交换中心

C. 多个移动台相互分割,又彼此有所交叠能形成“蜂窝式移动通信”

D. 在整个移动通信系统中,移动台作用不大,因此可以省略

53. 在无线广播系统中,一部收音机可以收听多个不同的电台节目,其采用的信道复用技术是________多路复用。

A. 频分　　B. 时分　　C. 码分　　D. 波分

54. 下面通信方式中，________不属于微波远距离通信。

A. 卫星通信　　B. 光纤通信

C. 对流层散射通信　　D. 地面接力通信

55. 在计算机网络中，表示数据传输可靠性的指标是________。

A. 传输率　　B. 误码率　　C. 信道容量　　D. 频带利用率

56. 卫星通信是________向空间的扩展。

A. 中波通信　　B. 短波通信　　C. 微波接力通信　　D. 红外线通信

57. 下列关于信息系统的叙述中，错误的是________。

A. 电话是一种双向的、点对点的、以信息交互为主要目的的系统

B. 网络聊天是一种双向的、以信息交互为目的的系统

C. 广播是一种点到多点的双向信息交互系统

D. Internet 是一种跨越全球的多功能信息系统

三、填空题

1. 以太网在传送数据时，将数据分成若干帧，每个节点每次可传送________个帧。
2. 在计算机网络中，由若干台计算机共同完成一个大型信息处理任务，通常称这样的信息处理方式为分布式信息处理。这里的"若干台计算机"至少应有________台主机。
3. 一个使用C类IP地址的局域网中，最多只能连接________台主机。
4. 为了书写方便，IP地址写成以圆点隔开的四组十进制数，它的统一格式是 xxx. xxx. xxx. xxx，圆点之间每组的取值范围在 0～________之间。
5. 在域名系统中，每个域可以再分成一系列的子域，但最多不能超过________级。
6. 目前电话拨号上网的数据传输速率大多为________Kbps。
7. 每块以太网卡都有一个全球唯一的 MAC 地址，MAC 地址由________个字节组成。
8. 若 IP 地址为 129. 29. 140. 5，则该地址属于________类地址。
9. IP 地址分为 A、B、C、D、E 五类，若某台主机的 IP 地址为 202. 129. 10. 10，则该 IP 地址属于________类地址。
10. 中国的因特网域名体系中，商业组织的顶级域名是________。
11. DNS 服务器实现入网主机域名和________的转换。
12. 按 IP 协议的规定，发送方和接受方计算机的 IP 地址应放在________的头部。
13. 以太网中的节点相互通信时，通常使用________地址来指出收、发双方是哪两个节点。
14. 计算机局域网由网络工作站、网络服务器、网络打印机、网络接口卡、________、传输互连设备等组成。
15. 计算机网络提供给用户的常见服务主要有文件服务、消息传递服务、________服务和应用服务。
16. 电缆调制解调器技术利用现有的________网来传送数字信息，不占用电话线，可永久连接。
17. 用户通过电话拨号上网时，必须使用________设备进行信号的转换。
18. 网络上安装了 Windows 操作系统的计算机，可设置共享文件夹，同组成员彼此之间可相互共享文件资源，这种工作模式称为________模式。
19. 在计算机局域网中，一个节点将信息帧发送到其余所有节点，这种工作方式通常被称为

________方式。

20. 在以太网中,如果要求连接在集线器上的每一个节点各自独享一定的带宽,则应选择________式集线器来组网。
21. 为了利用本地电话网传输数据,最简便的方法是使用 Modem。Modem 由调制器和________器组成。
22. 在网络中通常将提供服务的计算机称为服务器,将请求服务的计算机称为________。
23. 在因特网环境下能做到边下载边播放的数字声音(或视频)也称为“________媒体”。
24. 在广域网中,每台交换机都必须有一张________,用来给出目的地址和输出端口的关系。
25. 使用 Cable Modem 传输数据时,将同轴电缆整个频带分为三个部分,分别用于数字信号上传,数字信号下传及________下传。
26. 在计算机网络中,只要权限允许,用户便可共享其他计算机上的________、硬件和数据等资源。
27. 为了解决异构网互连的通信问题,IP 协议定义了一种独立于各种异构网的数据包格式,称之为 IP ________,用于网间的数据传输。
28. 在 Windows 2000 操作系统中,设置“本地连接”属性时,可设置 IP 地址及网关 IP 地址等,它们都是用圆点隔开的________个十进制数表示的。
29. 利用有线电视系统将计算机接入互联网时,用户端用于传输数据所使用的传输介质是________。
30. TCP/IP 协议标准将计算机网络通信问题划分为应用层、传输层、网络互连层等四个层次,其中 IP 协议属于________层。
31. 在计算机网络中,为确保网络中不同的计算机之间能正确地传送和接收数据,它们必须遵循一组共同的规则和约定。这些规则、规定或标准通常被称为________。
32. 在 Internet 中,FTP 用于实现远程________传输功能。
33. 在 Windows 操作系统中,可通过“网上邻居”将网络上另一台计算机的共享文件夹映射为本地的磁盘,用户可像使用本地磁盘一样,对其中的程序和数据进行存取,这种网络服务属于________服务。
34. 计算机网络有多种分类方法,若按所使用的传输介质不同可分为有线网和________网。
35. 以太网中的节点相互通信时,通常使用________地址来指出收、发双方是哪两个节点。
36. 计算机网络中必须包含若干主机和一些通信线路,以及一组通信________及相关的网络软件。
37. 目前,使用比较广泛的交换式以太网是一种采用________型拓扑结构的网络。
38. 在 TCP/IP 协议中,Telnet 协议应用于实现________服务。
39. 以太网中,数据通常划分成________在网络中传输。
40. 计算机网络有三个主要组成部分:若干________、一个通信子网和一组通信协议及相关的网络软件。
41. 计算机网络是以共享________和信息传递为目的,将地理上分散而功能各自独立的多台计算机利用通信手段有机地连接起来的一个系统。
42. 利用微波进行远距离通信有三种方式:________通信、对流层散射通信和卫星通信。

43. 目前我国使用的 GSM、CDMA 通信系统都是第________代移动通信系统。
44. 双绞线和同轴电缆中传输的是电信号，而光纤中传输的是________信号。
45. 蜂窝移动通信系统由移动台、________和移动电话交换中心组成。
46. 无线电波可以按频率分成中波、短波、超短波和微波，其中频率最高并按直线传播的是________。
47. 数据传输过程中出错数据占被传输数据总数的比例是衡量数据通信系统性能的一项重要指标，它称为________。

第 5 章　数字媒体及应用

内容提要

5.1　文本与文本处理

1. 西文字符的编码

在计算机中用于表示字符的二进制编码称为字符编码。目前，国际上使用最多、最普遍的字符编码是 ASCII 字符编码。ASCII 码的全称是“American Standard Code for Information Interchange”，译为：美国国家信息交换标准字符码。

标准 ASCII 码是 7 位的编码，可以表示 $2^7=128$ 个不同的字符，每个字符都有其不同的 ASCII 码值。虽然标准 ASCII 码是 7 位的编码，但由于字节是计算机中最基本的存储和处理单位，故一般仍以一个字节来存放一个 ASCII 字符，每个字节中多余出来的一位（最高位 b7），在计算机内部通常保持为“0”，而在数据传输时，则用作奇偶校验位。

扩充 ASCII 码是 8 位，每个 ASCII 码字符集分别可以扩充 128 个字符，这些扩充字符的编码均为高位为 1 的 8 位代码（十进制指数 128～255），称为扩展 ASCII 码。

2. 汉字的编码

(1) GB2312—1980 汉字编码

1980 年颁布《信息交换用汉字编码字符集・基本集》—GB2312—1980，该标准选出了 6 763 个常用汉字和 682 个非汉字字符，由三部分组成：

第一部分是字母、数字和各种符号，包括拉丁文字母、俄文、日文平假名、希腊字母、汉语拼音等共 682 个（统称为 GB2312 图形符号）；

第二部分为一级常用汉字，共 3 755 个，按汉语拼音排列；

第三部分为二级常用字，共 3 008 个，因不太常用，所以按偏旁部首排列。

(2) GBK 汉字内码扩充规范

GBK 是我国 1995 年发布的又一个汉字编码标准，全称为《汉字内码扩展规范》。它一共有 21 003 个汉字和 883 个图形符号，与 GB2312 国标汉字字符集及其内码保持兼容，另外还收录了繁体字和很多生僻的汉字。

(3) UCS/Unicode

ISO 将全球所有文字字母和符号集中在一个字符集中进行统一编码，称为 UCS/Unicode，其中包含有中、日、韩统一整理出来的近 3 万多个汉字（称 CJK 汉字），但编码与 GB2312 和 GBK 标准中的汉字并不相同。

(4) GB18030—2000 编码

为了既能与 UCS/Unicode 编码标准接轨，又能保护我国已有的大量汉字信息资源，我国在 2000 年和 2005 年两次发布 GB18030 汉字编码国家标准。

GB18030—2000 编码标准在 GB2312 和 GBK 的基础上进行了扩充，它增加了 4 字节的编码，使码位总数达到 160 多万个。所包含的汉字数目也增加到 27 000 多个，包括全部中日韩(CJK)统一汉字字符集和 CJK 汉字扩充 A 和扩充 B 中的所有字符。

四种字符集编码标准的比较见表 5-1 所示。

表 5-1　四种字符集编码标准的比较

标准名称	GB2312	GBK	GB18030	UCS/Unicode
字符集	6 763 个汉字(简体字)	21 003 个汉字(包括 GB2312 汉字在内)	近 3 万多个汉字(包括 GBK 汉字和 CJK 及其扩充中的汉字)	包含 10 万多字符，其中的汉字与 GB18030 相同
编码方法	双字节存储和表示，每个字节的最高位均为"1"	双字节存储和表示，第 1 个字节的最高位必为"1"	部分双字节、部分 4 字节表示，双字节表示方案与 GBK 相同	UTF-8 采用单字节可变长编码 UTF-16 采用双字节可变长编码
兼容性				编码不兼容

3. 文本准备

(1) 汉字键盘输入

汉字键盘输入编码有数百种之多，大体可以分为四类，其优缺点如表 5-2 所示。使用不同的输入编码方法，向计算机输入的同一个汉字，它们的内码是相同的。

(2) 联机手写汉字识别(笔输入)

联机手写汉字识别输入法以平常人们书写的习惯，将要输入的汉字写在一块叫"书写板"的设备上，书写板根据笔尖的运动(包括抬笔、落笔、笔段轨迹以及各笔段之间的时间关系等)按时间顺序采样后发送到计算机中，由计算机软件自动进行识别，然后用该汉字(或符号)对应的代码进行保存。

(3) 汉语语音识别输入

(4) 印刷体汉字识别(汉字 OCR)输入

印刷体汉字识别是将印刷或打印在纸上的中西文字输入计算机并经过识别转换为编码表示的一种技术，也叫做汉字 OCR(Optical Character Recognition)。

(5) 脱机手写汉字识别输入(表 5-2)

表 5-2　四种汉字输入编码方案的比较

类型	原　理	举例	优点	缺　点
数字编码	使用一串数字来表示汉字	电报码、区位码	仅使用 10 个数字键	难记忆
字音编码	将汉语的拼音作为汉字的输入编码	智能 ABC、紫光微软拼音	简单易学，适合于非专业人员	重码多，需增加选择操作，不会汉语拼音或不知道读音时无法使用

续　表

类型	原　理	举例	优点	缺　点
字形编码	将汉字的部件或笔画作为码元，按照汉字结构及其切分规则作为编码依据，确定每个汉字的输入代码	五笔字型、表形码、郑码	重码少、输入速度较快，适合于专业录入员、打字员使用	缺乏统一的规范，编码规则不易掌握
音形编码(或形音编码)	采用字音及字形两种属性作为码元的汉字编码输入方法	粤音输入法	同上	同时要掌握音、形两种取码方法或规则，对普通用户比较困难

4. 文本分类与表示

文本是计算机表示文字及符号信息的一种数字媒体。使用计算机制作的数字文本有多种不同的类型，不用类型文本的比较见表5-3所示。

(1) 根据它们是否具有编辑排版格式来分，可分为简单文本(纯文本)和丰富格式文本两大类。

(2) 根据文本内容的组织方式来分，可以分为线性文本和超文本两大类。

(3) 根据文本内容是否变化和如何变化来分，可分为静态文本、动态文本和主动文本三类。

表5-3　不同类型文本的比较

文本类型	特　点	在计算机内的表示	文件扩展名	用途
简单文本	没有字体、字号和版面格式的变化，文本在页面上逐行排列，也不含图片和表格	由一连串与正文内容对应的字符的编码所组成，几乎不包含任何其他的格式信息和结构信息	.txt	网上聊天 短信 文字录入 OCR输入
丰富格式文本(线性文本)	有字体、字号、颜色等变化，文本在页面上可以自由定位和布局，还可插入图片和表格	除了与正文对应的字符编码之外，还使用某种“标记语言”所规定的一些标记来说明该文本的文字属性和排版格式等	.doc .rtf .htm .html .pdf	公文 论文 书稿 网页
丰富格式文本(超文本)	除上述特征外，文本中还含有超链接，使文本呈现为一种网状结构	同上，但还应包含用于指出“链源”和“链宿”的标记	.doc .rtf .htm .html .pdf .hlp	同上，以及软件的联机文档(帮助文件)

5. 文本编辑与处理

文本编辑的最基本的功能是对字、词、句、段落进行添加、删除、修改；设置字体、字号、字的排列方向、间距、颜色、效果等；段落的处理：设置行距、段间距、段缩进、对称方式等；表格制作和绘图；定义超链接；设置页边距、每页行列数、分栏、页眉、页脚、插图位置等。

文本编辑排版主要是解决文本的外观问题，文本处理强调的是使用计算机对文本中所含文字信息的形、音、义等进行分析和处理，目的是为了在原始文本的基础上得到新的信息。例如，文本字数统计、自动分词、词性标注、词频统计、词语排序、词语错误检测、自动建立索引、文本分类等。更复杂的文本处理还包括文语转换（计算机自动朗读文本）、文种转换（将文本翻译成另一个语种）、文本综合（将一组文本综合成一个文本）、文本检索（从一组文本中找出用户所需的文本）等。

6. Web信息检索系统的基本原理

在各种文本处理应用中，我们使用最多的是文本检索。文本检索是将文本按一定的方式进行组织、储存、管理，并根据用户的要求查找到所需文本的技术和应用。

目前常用的Web信息检索系统有Google、Yahoo、Alta、Vista、Infoseek、新浪、天网、百度等，它们也称为搜索引擎。其基本原理是：预先使用软件Robot遍历Web，将Web上的信息下载到本地文档库；然后对文本内容进行自动分析并建立索引；在用户提出检索请求时，搜索引擎通过检查索引找出匹配的文本（或URL地址）返回给用户。

7. 常用文本处理软件

（1）面向通信的文本处理软件

包括电子邮件和网络聊天所使用的文本处理软件，它们的文本编辑器功能并不很多，但操作使用方便。

（2）面向办公的文本处理软件

目前在计算机上使用的具有代表性的是微软公司Office套件中的Word和我国自行开发的WPS文本处理软件。

（3）面向出版的文本处理软件

面向出版的文字处理软件，除了常规的文字编辑处理功能之外，更重要的是它的排版功能，所以这一类型软件也称为排版软件。排版软件的主要功能是将文字、图形和图像等合理地安排在页面内，如方正集团公司的“飞腾”排版软件、美国Adobe公司的PageMaker和PDF Write都是这一类软件的代表。

（4）面向网络信息发布和电子出版的文本处理软件

将文本放在因特网上进行发布的最好方法是制作成网页，即所谓的HTML文件。用于制作HTML文件的软件有很多，有微软的FrontPage，Macromedia Dreamweaver等，使用Word也可以生成HTML文件输出。面向电子出版的最流行的软件是美国Adobe公司的Acrobat。

8. 文本的展现

数字电子文本有两种使用方式：打印输出和在屏幕上进行阅读、浏览。由于存放在计算机存储器中的文本是不可见的，因此，不论哪种使用方式，都包含了文本的展现过程。

文本展现的大致过程是：

（1）对文本的格式描述进行解释；

（2）生成文字和图表的映像；

（3）传送到显示器或打印机输出。

5.2 图像与图形

计算机的数字图像按其生成方法可以分成两类：一类是从现实世界中通过扫描仪、数码相机等设备获取的图像，它们称为取样图像、点阵图像或位图图像，以下简称图像。另一类是使用计算机合成(制作)的图像，它们称为矢量图形，或简称图形。

1. 数字图像的获取

从现实世界中获得数字图像的过程称为图像的获取。图像获取的过程实质上是模拟信号的数字化过程，它的处理步骤大体分为四步：

(1) 扫描。将画面划分为 M×N 个网格，每个网格称为一个取样点，这样，一幅模拟图像就转换为 M×N 个取样点组成的一个阵列。

(2) 分色。将彩色图像取样点的颜色分解成三个基色(例如 R、G、B 三基色)，如果不是彩色图像(即灰度图像或黑白图像)，则不必进行分色。

(3) 取样。测量每个取样点每个分量的亮度值。

(4) 量化。对取样点每个分量的亮度值进行 A/D 转换，也就是将模拟量使用数字量(一般是 8 位至 12 位的正整数)来表示。

通过上述方法所获取的数字图像称为取样图像，它是静止图像的数字化表示形式，通常简称为图像。

2. 数字图像的表示

从取样图像的获取过程可以知道，一幅取样图像由 M(行)×N(列)个取样点组成，每个取样点是组成取样图像的基本单位，称为像素(简写为 pixel)。彩色图像的像素是矢量，它由多个彩色分量组成，黑白图像的像素只有一个亮度值。

取样图像在计算机中的表示方法是：单色图像用一个矩阵来表示；彩色图像用一组(一般是三个)矩阵来表示，矩阵的行数称为图像的垂直分辨率，列数称为图像的水平分辨率，矩阵中的元素是像素颜色分量的亮度值，使用整数表示，一般是 8 位至 12 位。

在计算机中存储的每一幅取样图像，除了所有的像素数据之外，至少还必须给出如下一些关于该图像的描述信息(属性)：

(1) 图像大小，也称为图像分辨率(包括垂直分辨率和水平分辨率)。若图像大小为 400×300，则它在 800×600 分辨率的屏幕上以 100% 的比例显示时，只占屏幕的 1/4；若图像超过了屏幕(或窗口)大小，则屏幕(或窗口)只显示图像的一部分，用户需操纵滚动条才能查看全部图像。

(2) 颜色空间的类型，指彩色图像所使用的颜色描述方法，也叫颜色模型。常用的颜色模型有 RGB(红、绿、蓝)模型、CMYK(青、品红、黄、黑)模型、HSV(色彩、饱和度、亮度)模型、YUV(亮度、色度)模型等。从理论上讲，这些颜色模型都可以相互转换的。

(3) 像素深度，即像素的所有颜色分量的二进位数之和，它决定了不同颜色(亮度)的最大数目。

3. 图像的压缩编码

一幅图像的数据量可按下面的公式进行计算(以字节为单位)：

$$图像数据量 = 图像水平分辨率 \times 图像垂直分辨率 \times 像素深度 / 8$$

为了节省存储数字图像时所需要的存储器容量，降低存储成本，大幅度压缩图像的数据量是非常重要的。数据压缩可分成两种类型，一种是无损压缩；另一种是有损压缩。

评价一种压缩编码方法的优劣主要看三个方面：压缩倍数的大小、重建图像的质量（有损压缩时），以及压缩算法的复杂程度。

4. 常用图像文件格式

目前，因特网和计算机常用的几种图像文件的格式见表5-4所示。

表5-4　因特网和计算机常用的几种图像文件的格式

名称	压缩编码方法	性质	典型应用	开发组织/公司
BMP	RLE（行程长度编码）	无损	Windows应用程序	Microsoft
TIF	RTE，LZW（字典编码）	无损	桌面出版	Aldus，Microsoft
GIF	LZW	无损	因特网	CompuServe
JPEG	DCT（离散余弦变换）Huffman	无损/有损	因特网，数码相机等	ISO/IEC
JP2	小波变换，算术编码	无损/有损	因特网，数码相机等	ISO/IEC

GIF是目前因特网上广泛使用的一种图像文件格式，它的颜色数目较少（不超过256色），文件特别小，适合因特网传输，在网页制作中大量使用。

5. 数字图像处理

使用计算机对图像，进行去噪、增强、复原、分割、提取特征、压缩、存储、检索等操作处理，称为数字图像处理。一般来讲，对图像进行处理的主要目的有以下几个方面：

(1) 提高图像的视感质量。如进行图像的亮度和彩色变换，增强或抑制某些成分，对图像进行几何变换（包括特技或效果处理等），以改善图像的质量。

(2) 图像复原与重建。如进行图像的校正，消除退化的影响，产生一个等价于理想成像系统所获得的图像，或者使用多个一维投影重建该图像。

(3) 图像分析。提取图像中的某些特征或特殊信息，为图像的分类、识别、理解或解释创造条件。

(4) 图像数据的变换、编码和数据压缩，用以更有效地进行图像的存储和传输。

(5) 图像的存储、管理、检索，以及图像内容与知识产权的保护等。

6. 数字图像的应用

(1) 图像通信。包括传真、可视电话、视频会议等。

(2) 遥感。

(3) 诊断。如通过其射线、超声、计算机断层摄影（即CT）、核磁共振等进行成像，结合图像处理与分析技术，进行疾病的分析与诊断。

(4) 生产中的应用。如产品质量检测，生产过程的自动控制等。

(5) 机器人视觉。通过实时的图像处理，对三维景物进行理解与识别。

(6) 军事、公安、档案管理等其他方面的应用。

7. 常用图像编辑处理软件

(1) Word和PowerPoint具有基本的图像编辑功能。

(2) Windows 附件中的"画图"软件。

(3) 微软 Office 工具中的 Picture Manager 软件。

(4) ACD System 公司的 ACDSee32 软件。

(5) Adobe PhotoShop 软件。

8. 计算机图形的概念

人们进行景物描述的过程称为景物的建模。根据景物的模型生成其图像的过程称为绘制,也叫做图像合成,所产生的数字图像称为计算机合成图像,也称为矢量图形,以区别于通常的取样图像。研究如何使用计算机描述景物并生成其图像的原理、方法与技术则称为计算机图形学。

9. 计算机图形的应用

使用计算机合成图像的主要优点有:计算机不但能生成实际存在的具体景物的图像,还能生成假想或抽象景物的图像。计算机合成图像有着广泛的应用领域。例如:

(1) 计算机辅助设计和辅助制造(CAD/CAM)。

(2) 利用计算机生成各种地形图、交通图、天气图、海洋图、石油开采图等,既可方便、快捷地制作和更新地图,又可用于地理信息的管理、查询和分析。

(3) 作战指挥和军事训练。

(4) 计算机动画和计算机艺术。

10. 常用矢量绘图软件

(1) 专业绘图软件。

AutoCAD、PROTEL 和 CAXA 电子图板(机械、建筑等);

MAPInfo、ARCInfo、SuperMap、GIS(地图、地理信息系统)。

(2) 办公与事务处理、平面设计、电子出版等使用的绘图软件。

Corel 公司的 CorelDraw;

Adobe 公司的 Illustrator;

Macromedia 公司的 FreeHand;

微软公司的 Microsoft Visio 等。

(3) MS Office 中内嵌的绘图软件。

Word 和 PowerPoint 中具有绘图功能(简单的二维图形)。

11. 计算机图像与图形的区别和联系(表5-5)

表5-5 计算机图像与图形的区别和联系

	图 像	图 形
生成途径	通过图像获取设备获得景物的图像	使用矢量绘图软件以交互方式制作而成
表示方法	将景物的映像(投影)离散化,然后使用像素表示	使用计算机描述景物的结构、形状与外貌
表现能力	能准确地表示出实际存在的任何景物与形体的外貌,但丢失了部分三维信息	规则的形体(实际的或假想的)能准确表示,自然景物只能近似表示

续　表

	图　像	图　形
相应的编辑处理软件	典型的图像处理软件，如 PhotoShop	典型的矢量绘图软件，如 AutoCAD
文件的扩展名	.bmp .gif .tif .jpg .jp2 等	.dwg .dxf .wmf 等
数据量	大	小

5.3　数字声音及应用

1. 数字声音的获取

声音由振动而产生，通过空气进行传播，声音是一种波，它由许多不同频率的谐波所组成。谐波的频率范围称为声音的带宽，带宽是声音的一项重要参数。多媒体技术处理的声音主要是人耳可听到的 20 Hz～20 kHz 的音频信号，其中人的说话声音是频率范围约为 300～3 400 Hz，称为言语，也称为话音或语音。

声波是一种模拟信号，为了使用计算机进行处理，必须将它转换成数字编码的形式，这个过程称为声音信号的数字化。声音信号数字化的过程为：

(1) 取样。为了不产生失真，按照取样定理，取样频率不应低于声音信号最高频率的两倍。因此，语音信号的取样频率一般为 8 kHz，音乐信号的取样频率应在 40 kHz 以上。

(2) 量化。声音信号的量化精度一般为 8 位、12 位或 16 位，量化精度越高，声音的保真度越好，量化精度越低，声音的保真度越差。

(3) 编码。经过取样和量化后的声音，还必须按照一定的要求进行编码，即对它进行数据压缩，以减少数据量，并按某种格式将数据进行组织，这样便于计算机存储和处理、在网络上进行传输等。

2. 数字声音的获取设备

声音获取设备包括麦克风和声卡，麦克风的作用是将声波转换为电信号，然后由声卡进行数字化。

声卡既参与声音的获取也负责声音的重建，它控制并完成声音的输入与输出。声卡以数字信号处理器(DSP)为核心，DSP 是一种专用的微处理器。不少计算机的声卡已经与主板集成在一起，不再做成独立的插卡。

3. 波形声音的主要参数

数字化的波形声音是一种使用二进制表示的串行的比特流，它遵循一定的标准或规范进行编码，其数据是按时间顺序组织的。

比特率也称为码率，它指的是每秒钟的数据量。数字声音未压缩前，码率的计算公式如下所示：

$$波形声音的码率 = 取样频率 \times 量化位数 \times 声道数$$

压缩编码以后的码率：压缩前的码率除以压缩倍数。

4. 全频带声音的压缩编码

全频带声音的频率范围大约是 20 Hz～20 kHz。

全频带声音压缩编码有国际标准(如 MPEG),也有工业标准(如杜比 AC-3),目前普遍使用的 MPEG-1 层 3 标准(MP3),其码率大约为每个声道 64 Kbps,因特网上的 MP3 音乐采用的就是这种压缩编码方法。

5. 数字语音的压缩编码

语音信号的频率范围大约是 300 Hz～3 400 Hz。

在固定电话通信和多媒体计算机系统中,数字语音大多采用 ADPCM 编码,其算法简单容易实现。

在移动通信和 IP 电话中,由于通信信道带宽较窄,为了达到实时通信的效果,必须采用更有效的语音压缩编码方法。

6. 语音合成

语音合成是根据语言学和自然语言理解的知识,使计算机模仿人的发声,自动生成语音的过程。目前主要是按照文本(书面语言)进行语音合成,这个过程称为文语转换(简称 TTS)。主要应用有声查询、文稿校对、语言学习、语音秘书、自动报警、残疾人服务等。

7. 音乐合成

计算机合成乐曲分三步:首先使用一种称为“MIDI”的专用语言描述乐谱;然后由媒体播放器之类的软件进行解释;最后通过声卡上的音源(也称为音乐合成器)合成出各种音色的音符,通过扬声器播放出乐曲来。

5.4 数字视频及应用

1. 数字视频的基础

视频(Video)指的是内容随时间变化的一个图像序列,也称为活动图像或运动图像。常见的视频有电视和计算机动画。

我国采用 PAL 制式的彩色电视信号,在远距离传输时,使用亮度信号 Y 和两个色度信号 U、V 来表示。

2. 数字视频的获取设备

目前,有线电视网络和录/放像机等输出的都是模拟视频信号,它们必须数字化以后,才能由计算机存储、处理和显示。计算机中用于视频信号数字化的插卡称为视频采集卡,简称视频卡,它能将输入的模拟视频信号(及其伴音信号)进行数字化然后存储在硬盘中。数字化的同时,视频图像经过彩色空间转换(从 YUV 转换为 RGB),然后与计算机图形显示卡产生的图像叠加在一起,用户可在显示器屏幕上指定窗口中监看(监听)其内容。

还有一种可以在线获取数字视频的设备是数字摄像头,它通过光学镜头采集图像,然后直接将图像转换成数字信号并输入到计算机,不再需要使用专门的视频采集卡。

3. 数字视频的压缩编码

视频信息压缩编码的方法很多。目前,国际标准化组织制订的有关数字视频(及其伴音)压缩编码的标准主要有 MPEG-1、MPEG-2 和 MPEG-4,它们分别适用于不同的领域。

4. 计算机动画

计算机动画是利用计算机制作一系列可供实时演播的连续画面的一种技术。它可以辅助制作传统的卡通动画片，或逼真地模拟三维景物随时间而变化的过程，当所生成的一系列画面以每秒50帧左右的速率演播时，利用人眼视觉残留效应便可产生连续运动或变化的效果。

动画的制作要借助于动画软件，如二维动画软件 Animator Pro；三维动画软件 3D StudioMAX、Director 等。

Web 网页中常包含 GIF 动画和 Flash 动画。

5. 数字视频的应用

(1) VCD 与 DVD。

VideoCD(简称 VCD)：按 MPEG-1 标准将60分钟的音频/视频记录在一张 CD 光盘上，图像质量为 VHS(352×240)，容量650 MB 左右，可播放立体声。

DVD-Video(简称为 DVD 影碟)：按 MPEG-2 标准将音频/视频记录在 DVD 光盘上，图像质量为广播级(720×576)，可以播放5.1声道的环绕立体声，单面单层 DVD(容量为4.7 GB)光盘可记录120分钟以上的影视节目。

(2) 可视电话与视频会议。

可视电话就是在打电话的同时，还可以互相看见对方图像的一种通讯设备。可视电话的终端设备集摄像、显示、声音与图像的编/解码等功能于一体，内置高质量的数字变焦 CCD 镜头及 Model，可连接到普通的电话线上使用。

视频会议也叫做电视会议，它是通过数字音视频数据实时传送声音、图像，使得分散在两个或多个地点的用户就地参加会议的一种多媒体通信应用。用计算机网络进行可视电话和视频会议具有使用方便、成本较低的优点。例如微软公司免费提供的 MSN Messenger 就是一个可以在 Internet 上进行音频、视频通信的软件。

(3) 数字电视。

数字电视是数字技术的产物，它将电视信号进行数字化，然后以数字形式进行编辑、制作、传输、接收和播放。数字电视除了具有频道利用率高、图像清晰度好等特点之外，它还可以开展交互式数据业务，包括电视购物、电视银行、电视商务、电视通信、电视游戏、实时点播电视、电视网上游览、观众参与的电视竞赛等。

(4) 点播电视(VOD)。

VOD 是视频点播(也称为点播电视)技术的简称，即用户可以根据自己的需要选择电视节目。VOD 技术从根本上改变了用户只能被动收看电视的状况。

例题分析

一、选择题分析

【例1】 要存放10个24×24点阵的汉字字模，需要________存储空间。

A. 72 B　　B. 320 B　　C. 720 B　　D. 72 KB

分析：由于存放每个24×24点阵的汉字需占用24×24/8＝72字节的存储空间，所以正确答案为C。

答案：C

【例2】 英文字母“C”的十进制ASCII码值为67，则英文字母“G”的ASCII码值为________。

A. $(01111000)_2$　　B. $(01000111)_2$　　C. $(01011000)_2$　　D. $(01000011)_2$

分析：数字、大写字母、小写字母的ASCII码值都是按照它们的自然顺序进行排列，所以“G”的ASCII码值为67＋4＝71，转化为二进制为01000111。

答案：B

【例3】 对于汉字的编码，下列说法中正确的是________。

① 国标码，又称汉字交换码。

② GB2312汉字编码为每个字符规定了标准代码。

③ GB2312国际字符集由三部分组成。第一部分是字母、数字和各种符号；第二部分为一级用汉字；第三部分为繁体字和很多生僻的汉字。

④ 高位均为1的双字节(16位)汉字编码称为GB2312汉字的机内码，又称内码。

⑤ GBK编码标准包含繁体字和很多生僻的汉字。

⑥ GB18030编码标准所包含的汉字数目超过3万个。

A. ①②③④⑤　　B. ①②④⑤　　C. ①④⑤　　D. ③④⑤

分析：GB2312国际字符集由三部分组成。第一部分是字母、数字和各种符号，包括拉丁文字母、俄文、日文平假名、希腊字母、汉语拼音等共682个(统称为GB2312图形符号)；第二部分为一级常用汉字，共3 755个，按汉语拼音排列；第三部分为二级常用字，共3 008个，因不太常用，所以按偏旁部首排列。GB18030编码标准所包含的汉字数目为27 000多个。

答案：B

【例4】 下列文件类型中不属于丰富格式文本的文件类型是________。

A. XLS文件　　B. TXT文件

C. PPT文件　　D. HTML文件

分析：经过排版处理后，纯文本中就增加了许多格式控制和结构说明信息，称为丰富格式文本。TXT文件是纯文本，XLS文件、PPT文件、HTML文件都可含有各种格式或图像、视频等多种信息，属于丰富格式文本。

答案：B

【例5】 汉字的键盘输入编码方案有几百种之多，基于汉语拼音的编码方法，简单易学，适合于非专业人员的编码是________。

A. 数字编码　　B. 字音编码

C. 字形编码　　D. 音形结合编码

分析：汉字输入编码大体分为四种，分别是：

(1) 数字编码，这是使用一串数字来表示汉字的编码方法，它们难以记忆，很少使用。

(2) 字音编码，这是一种基于汉语拼音的编码方法，简单易学，适合于非专业人员。

(3) 字形编码，不易掌握。

(4) 音形编混合码，它吸取了字音编码和字形编码的优点，使编码规则适当简化、重码减少，但掌握起来也不容易。

答案：B

【例6】 汉字"啊"的区位码是"1601"，它的国标码是________。

A. 1021H　　B. 3621H　　C. 3021H　　D. 2021H

分析：国标码是在区位码的区码与位码基础上分别加上20H形成的，"啊"的区位码为"1601"，用十六进制表示，区码为10H，位码为01H，10H＋20H＝30H，01H＋20H＝21H，即国标码为3021H。

答案：C

【例7】 Web文档有三种基本形式：静态文档、动态文档和主动文档，对于这三种文档的说法中，错误的是________。

A. 静态文档的优点在于它简单、可靠、访问速度快

B. 动态文档的内容是变化的，它能显示变化着的信息，不会过时

C. 主动文档的主要缺点是创建和运行比较复杂，同时缺少安全性

D. 动态文档的创建者需使用脚本语言

分析：动态Web文档的内容是变化的，它能向用户提供最新的信息，动态文档的一个主要缺点是不能显示变化着的信息。与静态文档类似，动态文档在浏览器取得文档后内容不会再改变，因而文档很快就开始过时，所以B错误，A、D、C说法均正确。

答案：B

【例8】 在下列字符编码标准中，包含汉字数量最多的是________。

A. GB2312　　B. GBK　　C. GB18030　　D. UCS-2

分析：GB2312—80有6 763个汉字；GBK共收录了21 003个汉字和883个图形符号；我国台湾地区使用的是BIG5编码，又称为大五码，是一个繁体汉字字符集；Unicode(统一码)是由微软、IBM等计算机公司联合制定工业标准，共包含27 484个汉字；UCS/Unicode中的汉字虽然覆盖了GB2312和GBK标准中的汉字，但是它们的编码并不兼容。为了向UCS/Unicode编码标准过度，又能向下兼容GB2312和GBK编码标准，2000年我国发布了GB18030—2000汉字编码国家标准，它增加了4字节编码，包含的汉字数目增加到了27 000多个。

答案：D

【例9】 对于西文字符的标准ASCII编码，下列叙述中不正确的是________。

A. 其中少数字符是不可以打印(显示)的

B. 大小写英文字母的编码只有1位不同，其他位都相同

C. 每个字符在计算机键盘上都有唯一的一个键与之对应

D. 每个字符使用7位二进制进行编码，而以一个字节来进行存储

分析：ASCII码共128个字符，包括96个可打印字符和32个控制字符，控制字符在键盘上没有键与之对应，所以A正确，C错误。小写字母的ASCII码值比其相应的大写字母的ASCII码值大32，即2^5，所以B的说法是对的。虽然标准ASCII码是7位的编码，但由于字节是计算机中最基本的存储和处理单位，故一般仍以一个字节来存放一个ASCII字符，所以D正确。

答案：C

【例10】 计算机中使用的最为广泛的西文字符编码集是ASCII编码集。在ASCII码表中，包括________个可以打印的字符。

A. 32　　B. 85　　C. 96　　D. 125

分析：本题考查的是ASCII的结构。在ASCII码表中，可表示128种不同的字符，其中包括10个数字、26个大写字母、26个小写字母和其他一些算术运算符、标点符号、商业符号等，共有96个是可显示或打印的。另外，码表中还有32个控制字符，它们在传输、打印或显示输出时起控制作用。

答案：C

【例11】 已知"江苏"两字的区位码是"2913"和"4353"，则机内码是________。

A. BDAD、CBD5　　B. 3A2D、4B88

C. 2913、535A　　D. 6156、4353

分析："江"的区位码是29区13位，将29转换为十六进制，其值为1D，将13转换为16进制，其值为0D。由于信息传输的原因，每个汉字的区号和位号必须加上20H，区位码将被转换为"国标码"，但"国标码"并不是机内码，因为这种编码会和ASCII码冲突，为了解决这个问题，要将表示汉字编码的两个字节的最高位(b7)改为"1"。这种高位为1的双字节编码才是机内码，所以将区号和位号各加"A0H"，结果为机内码。1D＋A0＝BD，0D＋A0＝AD，所以"江"字的机内码为"BDAD"，同样，可以算出"苏"字的机内码为"CBD5"。

答案：A

【例12】 汉字信息在计算机内大部分都是用双字节编码来表示的。在下面采用十六进制表示的两个字节的编码中，可能是汉字"大"的机内码的是________。

A. 63F4H　　B. B4F3H　　C. 3423H　　D. B483H

分析：答案B表示的两字节分别为"B4H"和"F3H"都大于"A0H"。将区号和位号各加"A0H"后，结果才为机内码。所以机内码的双字节都一定会大于"A0H"。

答案：B

【例13】 下列说法中正确的是________。

A. GIF图像常用于数码相机　　B. TIF格式图像常用于扫描仪

C. BMP格式图像常用于桌面出版　　D. JPEG格式图像常用于因特网

分析：BMP格式图像常用于Windows应用程序，TIF格式图像常用于桌面出版，GIF图像常用于因特网。

答案：D

【例14】 彩色图像所使用的颜色描述方法称为颜色模型。显示器使用的颜色模型为RGB三基色模型，PAL制式的电视系统在传输图像时，所使用的颜色模型为________。

A. YUV　　B. HSV　　C. CMYK　　D. RGB

分析：我国采用PAL制式的彩色电视信号，PAL制式的彩色电视信号在远距离传输时，使用亮度信号Y和两个色度信号U、V来表示，即YUV颜色模型。

答案：A

【例15】 下列对于数字图像处理的目的的描述，错误的是________。

A. 对图像进行亮度色彩调整，以改善图像质量

B. 对图像进行校正，消除退化的影响，使用多个一维投影重建图像

C. 提取图像中的某些特征或特殊信息，从而为图像的处理创造条件

D. 图像数据的变换、编码和数据压缩是为了更好的理解图像的构成

分析：对图像进行处理的主要目的有以下几个方面：

(1) 提高图像的视感质量。

(2) 图像复原与重建，如进行图像的校正，消除退化的影响，生成一个等价于理想成像系统所获得的图像，或使用多个一维投影重建图像。

(3) 图像分析。

(4) 图像数据的变换、编码和数据压缩，用以更有效地进行图像的存储和传输。

(5) 图像的存储、管理、检索，以及图像内容与知识产权的保护等。

答案：D

【例16】 下面关于图形和图像的说法中，不正确的是________。

A. 取样图像也称为点阵图像

B. 从现实世界中通过扫描仪、数码相机等设备获取的图像，称为取样图像

C. 按照其组成和结构的不同，计算机的数字图像可分成图形和图像两类

D. 计算机合成的图像称作矢量图形，简称图形

分析：计算机的数字图像按其生成方法可以分成两类：一类是从现实世界中通过扫描仪、数码相机等设备获取的图像，称为取样图像、点阵图像或位图图像；另一类是使用计算机合成(制作)的图像，称为矢量图形，或简称图形。

答案：C

【例17】 下面说法中，________是错误的。

A. 组成图像的基本单位是像素　　B. 像素深度是指图像的像素总和

C. 颜色空间的类型，也叫颜色模型　　D. 黑白图像只有一个位平面

分析：一幅取样图像由 M(行)×N(列)个取样点组成，每个取样点是组成取样图像的基本单位，称为像素，A 正确；像素深度，即像素的所有颜色分量的二进位数之和，它决定了不同颜色(亮度)的最大数目，所以 B 错误；单色图像用一个矩阵来表示，只有一个位平面，所以 D 正确。

答案：B

【例18】 小王新买了一台数码相机，一次可以连续拍摄 65 536 色的 1 024×768 的照片 60 张，则他使用的 Flash 存储器容量是________。

A. 90 MB　　B. 900 MB　　C. 180 MB　　D. 720 MB

分析：像素深度，即为像素的所有颜色分量的二进位数之和。可拍摄的照片为 65 536 色，即 2^{16} 色，所以像素深度即为 16。

图像数据量＝图像水平分辨率×图像垂直分辨率×像素深度/8，因 1 MB＝1 024 KB，1 KB＝1 024 B，所以可知存储器容量为：1 024×768×16÷8×60＝90 MB。

答案：A

【例19】 成像芯片的像素数目是数码相机的重要性能指标，它与可拍摄的图像分辨率直接相关。DSC－P71 数码相机的像素约为 320 万，它所拍摄的图像的最高分辨率为________。

A. 1 280×960　　B. 1 600×1 200

C. 2 048×1 536　　D. 2 560×1 920

分析：若最高分辨率 1 280×960，则数码相机的像素约为 130 万；若最高分辨率1 600×1 200，则数码相机的像素约为 200 万；若最高分辨率 2 048×1 536，则数码相机的像素约为 320 万；若最高分辨率 2 560×1 920，则数码相机的像素约为 500 万。

答案：C

【例 20】 在下列有关数字图像与图形的叙述中，错误的是________。

A. 取样图像的数字化过程一般分为扫描、分色、取样和量化等处理步骤

B. 为了使网页传输的图像数据尽可能少，常用的 GIF 格式图像文件采用了有损压缩

C. 矢量图形(简称图形)是指使用计算机技术合成的图像

D. 计算机辅助设计和计算机动画是计算机合成图像的典型应用

分析：无损压缩是指压缩以后的数据进行图像还原(也称为解压缩)时，重建的图像与原始图像完全相同，一点没有误差，例如行程长度编码(RLE)，哈夫曼(Huffman)编码等。有损压缩是指使用压缩后的数据进行图像还原时，重建后的图像与原始图像虽有一定的误差，但不影响人们对图像含义的正确理解，常用的 GIF 格式图像文件采用了无损压缩。

答案：B

【例 21】 不同格式的图像文件，其数据编码方式有所不同，通常也对应于不同的应用。在下列几组图像文件格式中，制作网页时用得最多的是________。

A. GIF 与 JPEG　　B. GIF 与 BMP

C. JPEG 与 BMP　　D. GIF 与 TIF

分析：BMP 是微软公司在 Windows 操作系统下使用的一种标准图像文件格式，所有 Windows 应用软件都能支持这种文件格式。TIF 图像文件格式大量使用于扫描仪和桌面出版。GIF 是目前因特网上广泛使用的一种图像格式。制作网页时用得最多的是 GIF 与 JPEG 格式文件。

答案：A

【例 22】 显示器是计算机中常用的基本输出设备，它用红、绿、蓝三种基色的组合来显示出彩色，使用________个二进制位表示一个像素称为真彩色。

A. 32　　B. 24　　C. 16　　D. 3

分析：人眼能分辨出的颜色大约在 1 600 万种左右，所以能显示 1 600 万种以上的颜色的显示器就称为可显示真彩色。如果每个像素用 24 个二进制位表示就可以表现出 2^{24} 种不同的色彩，即真彩色。

答案：B

【例 23】 下面关于图像的说法中，不正确的是________。

A. 图像的数字化过程大体可分为三步：扫描、分色、取样、量化

B. 像素是构成图像的基本单位

C. 尺寸大的彩色图片数字化后，其数据量必定大于尺寸小的图片的数据量

D. 黑白图像或灰度图像只有一个位平面

分析：图像数据量＝图像水平分辨率×图像垂直分辨率×像素深度/8。尺寸大的彩色图片在数字化时(例如使用扫描仪)，扫描分辨率可能取不同的值，则两幅图片的图像分辨率

谁高谁低就说不定了，而且彩色图片的图像颜色各不相同，即像素深度大小也无法确定，所以尺寸大的图片数字化后，数据量的大小不一定大于尺寸小的图片的数据量。

答案：C

【例24】 声卡是获取数字声音的重要设备，在下列有关声卡的叙述中，正确的是________。

① 声卡既参与声音的获取，也负责声音的重建和播放。

② 声卡既负责MIDI声音的输入，也负责MIDI音乐的合成。

③ 声卡先将声波转换为电信号，再进行数字化。

④ 因为声卡非常复杂，所以它们都做成独立的PCI插卡形式。

⑤ 声卡中的数字信号处理器(DSP)在完成数字声音编码、解码及编辑操作中起着重要的作用。

⑥ 声卡不仅能获取单声道声音，而且还能获取双声道(立体声)的声音。

A. ①②③④⑤　　B. ①②⑤

C. ①②④⑤　　D. ①②⑤⑥

分析：声音获取设备包括麦克风和声卡，麦克风的作用是将声波转换为电信号，然后由声卡进行数字化。随着大规模集成电路技术的发展，不少PC的声卡已经与主板集成在一起，不再做成独立的插卡。

答案：D

【例25】 采样频率为8 kHz、量化精度为8位，数据压缩倍数为8倍，持续时间为2分钟的双声道声音，压缩后的数据量为________。

A. 120 KB　　B. 480 KB　　C. 240 KB　　D. 1 920 KB

分析：码率指的是每秒钟的数据量，其计算公式为：取样频率×量化位数×声道数，压缩编码以后的码率则为压缩前的码率除以压缩倍数，所以本题数据量＝8 kHz×8×2÷8×2×60＝1 920 Kb，又1 B＝8 b，结果为1 920 Kb÷8＝240 KB。

答案：C

【例26】 为了保证对频谱很宽的音乐信号采样时不失真，其取样频率应在________以上。

A. 40 kHz　　B. 20 kHz　　C. 8 kHz　　D. 12 kHz

分析：为了不产生失真，按照取样定理，取样频率不应低于声音信号最高频率的两倍。语音信号的取样频率一般为8 kHz，音乐信号的取样频率应在40 kHz以上。

答案：A

【例27】 计算机中处理的声音分为波形声音和合成声音两类。在下列有关波形声音的叙述中，错误的是________。

A. 波形声音的获取过程就是将模拟声音信号转换为数字形式，包括取样、量化和编码等步骤

B. 声音信号的数字化主要由声卡来完成，其核心是数字信号处理器(DSP)

C. MP3采用MPEG－3标准对声音进行压缩编码

D. 波形声音的主要参数包括取样频率、量化位数和声道数目等

分析：MP3采用MPEG－1层3标准对声音进行压缩编码。

答案：C

【例28】 假设计算机的声卡的采样频率为44 kHz，A/D转换精度为16位。如果连续采集了2分钟的声音信息，则在不进行压缩的情况下保存这段声音，存储空间约需要________。

A. 88 KB　　B. 176 KB　　C. 11 MB　　D. 83 MB

分析：采样频率为44 kHz，表示每秒采集数据44 K次。A/D转换精度为16位，表示每次采样的结果需用16个二进制位存放，若连续采集2分钟的声音信息，在不进行压缩编码的情况下保存这段声音，需要的存储空间为：

2分钟×60秒/分钟×44 K秒×16位/8位/字节＝10 560 KB≈11 MB，如果题目中说的是双声道采集，则存储空间还应再乘2。

答案：C

【例29】 VCD盘上的视频和音频信号都是采用________国际标准进行压缩编码的。它们是按规定的格式交错地存放在光盘上的，并且是在播放时需进行解压缩处理的。

A. MPEG-1　　B. MPEG-2　　C. MPEG-4　　D. MPEG-3

分析：VCD盘上的视频和音频信号采用国际标准MPEG-1进行压缩编码，DVD采用的MPEG-2的标准。

答案：A

二、是非题分析

【例1】 若图像大小为1 600×1 200，则它在800×600分辨率的屏幕上以100%的比例显示时，只占屏幕的1/4。

分析：图像大小，也称为图像分辨率(包括垂直分辨率和水平分辨率)。1 600×1 200的图像超过了屏幕(或窗口)大小，屏幕(或窗口)中只能显示图像的一部分，需操纵滚动条才能看到全部图像。

答案：N

【例2】 使用不同的输入编码方法向计算机输入的同一个汉字时，它们的编码不同，所以内码也不一样。

分析：高位均为1的双字节(16位)汉字编码就称为GB2312汉字的机内码，又称内码。汉字的输入编码与汉字的内码是不同范畴的概念，不能将它们混淆起来。使用不同的输入编码方法向计算机输入的同一个汉字，它们的内码是相同的。

答案：N

【例3】 数字化的波形声音是一种使用二进制表示的串行的比特流，其数据是按时间顺序组织的。

分析：数字化的波形声音是一种使用二进制表示的串行的比特流，它遵循一定的标准或规范进行编码，其数据是按时间顺序组织的。

答案：Y

三、填空题分析

【例1】 文本是计算机表示文字及符号信息的一种数字媒体，它大致可分为简单文本、________和超文本。

分析：根据文本是否具有编辑排版格式来分，可分为简单文本(纯文本)和丰富格式文本两大类。根据文本内容的组织方式来分，可以分为线性文本和超文本两大类。简单文本呈现为一种线性结构，即为线性文本，所以文本大致可分为简单文本、丰富格式文本和超文本。

答案：丰富格式文本

【例 2】 声音由许多不同频率的谐波组成，谐波的________称为声音的带宽。

分析：声音是一种波，它由许多不同频率的谐波所组成。谐波的频率范围称为声音的带宽，带宽是声音的一项重要参数。

答案：频率范围

【例 3】 声音信号数字化的过程为取样、________、编码，声音信号的________一般为 8 位、12 位或 16 位。

分析：声音信号数字化过程为：取样、量化、编码。量化精度一般为 8 位、12 位或 16 位，量化精度越高，声音的保真度越好，量化精度越低，声音的保真度越差。

答案：量化、量化精度

【例 4】 目前我国数码相机、数字摄像机越来越普及，它们所采用的编码标准是________。

分析：视频压缩编码标准 MPEG－1 适用于 VCD、数码相机、数字摄像机等。

答案：MPEG－1

自我检测

一、判断题

1. DVD 影碟存储容量比 VCD 大得多，压缩比也较高，因此画面品质不如 VCD。
2. PhotoShop、ACDsee32 和 FrontPage 都是图像处理软件。
3. 计算机中的声卡可控制并完成声音的输入与输出，但它只能获取波形声音而不能处理 MIDI 声音。
4. 简单文本也叫纯文本或 ASCII 文本，在 Windows 操作系统中的后缀名为. rtf。
5. 数字声音是一种在时间上连续的媒体，数据量虽大，但对存储和传输的要求并不高。
6. 文本编辑的目的是使文本正确、清晰、美观，所以，文本压缩操作也属于文本编辑操作。
7. “标记”用来说明文本的版面结构、内容组织、文字的外貌属性等。一般来说，丰富格式文本除了包含正文外，还包含许多标记。
8. DVD 影碟与 VCD 相比，其图像和声音的质量均有了较大提高，所采用的视频压缩编码标准是 MPEG－2。
9. GB18030 是一种既保持与 GB2312、GBK 兼容，又有利于向 UCS/Unicode 过渡的汉字编码标准。
10. GBK 是我国继 GB2312 后发布的又一汉字编码标准，它不仅与 GB2312 标准保持兼容，而且还增加了包括繁体字在内的许多汉字和符号。
11. 从原理上说，买一台数字电视机或在模拟电视机外加一个数字机顶盒即可收看数字电视节目。

12. 对语音信号取样时,在考虑到不失真和尽量减少数据量两个方面的因素,取样频率一般不低于8 kHz。
13. 扫描仪和数码相机都是数字图像获取设备。
14. 声卡在计算机中用于完成声音的输入与输出,即输入时将声音信号数字化,输出时重建声音信号。
15. 声音信号经过取样和量化后,还要进行编码。编码的目的是减少数据量,并按某种格式组织数据。
16. 网上的在线音频广播、实时音乐点播等都是采用流媒体技术实现的。
17. 微软公司的网页制作软件 FrontPage 也是一种功能丰富、操作方便的文字处理软件,它不仅可以对字体段落进行格式编排,而且能够定义超链接。
18. 有些 DVD Video 的伴音具有5.1声道,从而实现三维环绕立体音响效果。这里5.1声道中的".1"是指超重高音。

二、选择题

1. 数字视频的一些特性提示我们可对其进行大幅度数据压缩,这些特性中不包含________。
   A. 数字视频的数据量大得惊人
   B. 视频信息中各画面内部有很强的信息相关性
   C. 一些视频细节人眼无法感知
   D. 视频信息中相邻画面的内容有高度的连贯性
2. 数字图像的基本属性中不包含________。
   A. 宽高比　　B. 分辨率
   C. 像素深度　　D. 颜色空间的类型
3. 在未压缩情况下,图像文件大小与下列因素无关的是________。
   A. 图像内容　　B. 水平分辨率　　C. 垂直分辨率　　D. 像素深度
4. 视频卡能够处理的视频信号可以来自连接在计算机上的________设备。
   A. 显示器　　B. VCD 盘　　C. CD 唱盘　　D. 扬声器
5. 下列关于计算机合成图像(计算机图形)的应用中,错误的是________。
   A. 可以用来设计电路图
   B. 可以用来生成天气图
   C. 计算机只能生成实际存在的具体景物的图像,不能生产虚拟景物的图像
   D. 可以制作计算机动画
6. 使用计算机进行文本编辑与文本处理是常见的两种操作,下面属于文本处理操作的是________。
   A. 设置页面版式　　B. 设置文章标题首行居中
   C. 设置文本字体格式　　D. 文语转换
7. 图像处理软件有很多功能,以下________不是通用图像处理软件的基本功能。
   A. 图像的缩放显示
   B. 调整图像的亮度、对比度

C. 在图片上制作文字,并与图像融为一体

D. 设计制作石油开采地形图

8. 文字处理软件输出汉字时,首先根据汉字的机内码在字库中进行查找,找到后,即可显示(打印)汉字,在字库中找到的是该汉字的________。

A. 外部码　　B. 交换码

C. 输入码　　D. 字形描述信息

9. 若中文 Windows 环境下西文使用标准 ASCII 码,汉字采用 GB2312 编码,设有一段简单文本的内码为 CB F5 D0 B4 50 43 CA C7 D6 B8,则在这段文本中,含有________。

A. 2个汉字和1个西文字符　　B. 4个汉字和2个西文字符

C. 8个汉字和2个西文字符　　D. 4个汉字和1个西文字符

10. 对带宽为 300～3 400 Hz 的语音,若采样频率为 8 kHz、量化位数为 8 位、单声道,则其未压缩时的码率约为________。

A. 64 Kb/s　　B. 64 KB/s　　C. 128 Kb/s　　D. 128 KB/s

11. 黑白图像的像素有________个亮度分量。

A. 1　　B. 2　　C. 3　　D. 4

12. 若未进行压缩的波形声音的码率为 64 kb/s,已知取样频率为 8 kHz,量化位数为 8,那么它的声道数是________。

A. 1　　B. 2　　C. 3　　D. 4

13. 一张立体声高保真全频带数字音乐 CD 唱盘可播放约一小时,其盘片上数据量大约是________。

A. 800 MB　　B. 635 M　　C. 400 MB　　D. 1 GB

14. 下列不属于数字图像应用的是________。

A. 可视电话　　B. 卫星遥感

C. 计算机断层摄影(CT)　　D. 绘制机械零件图

15. 下列字符编码标准中,既包含了汉字字符的编码,也包含了如英语、希腊字母等其他语言文字编码的国际标准是________。

A. GB18030　　B. UCS/Unicode

C. ASCII　　D. GBK

16. 下面关于计算机中图像表示方法的叙述中,错误的是________。

A. 图像大小也称为图像的分辨率

B. 彩色图像具有多个位平面

C. 图像的颜色描述方法(颜色模型)可以有多种

D. 图像像素深度决定了一幅图像所包含的像素的最大数目

17. 下面关于图像获取的叙述中,错误的是________。

A. 图像获取的方法很多,但一台计算机只能选用一种

B. 图像的扫描过程指将画面分成 m×n 个网格,形成 m×n 个取样点

C. 分色是将彩色图像取样点的颜色分解成三个基色

D. 取样是测量每个取样点每个分量(基色)的亮度值

18. 在扫描仪和桌面出版领域中使用最多的图像文件格式为________。

A. TIF B. GIF C. JPEG D. BMP

19. 传输电视信号的有线电视系统,所采用的信道复用技术一般是________多路复用。

A. 时分 B. 频分 C. 码分 D. 波分

20. 若内存中相邻2个字节的内容其十六进制形式为74和51,则它们不可能是________。

A. 2个西文字母的ASCII码 B. 1个汉字的机内码

C. 1个16位整数 D. 一条指令

21. 声音获取时,影响数字声音码率的因素有三个,下面________不是影响声音码率的因素。

A. 取样频率 B. 声音的类型

C. 量化位数 D. 声道数

22. 图像的压缩方法很多,________不是评价压缩编码方法优劣的主要指标。

A. 压缩倍数的大小 B. 图像分辨率大小

C. 重建图像的质量 D. 压缩算法的复杂程度

23. 下列设备中不属于数字视频获取设备的是________。

A. 视频卡 B. 图形卡

C. 数字摄像头 D. 数字摄像机

24. 下列有关我国汉字编码标准的叙述中,错误的是________。

A. GB2312国标字符集所包含的汉字许多情况下已不够使用

B. GBK字符集包括的汉字比G18030多

C. GB18030编码标准中所包含的汉字数目超过2万个

D. 我国台湾地区使用的汉字编码标准是Big5

25. 一个80万像素的数码相机,它拍摄相片的分辨率最高为________。

A. 1 600×1 200 B. 1 024×768

C. 800×600 D. 480×640

26. 若CRT的分辨率为1 024×1 024,像素颜色数为256色,则显示存储器的容量至少是________。

A. 512 KB B. 1 MB C. 256 KB D. 128 KB

27. 声卡的主要功能是支持________。

A. 图形图像的输入、输出

B. 视频信息的输入、输出

C. 波形声音及MIDI音乐的输入、输出

D. 文本及其读音的输入、输出

28. 为了与使用数码相机、扫描仪得到的取样图像相区别,计算机合成图像也称为________。

A. 位图图像 B. 3D图像 C. 矢量图形 D. 点阵图像

29. 下列字符编码标准中,不属于我国发布的汉字编码标准的是________。

A. GB2312 B. GBK C. UCS/Unicode D. GB18030

30. AutoCAD是一种________软件。

A. 多媒体播放 B. 图像编辑 C. 文字处理 D. 绘图

31. 对图像进行处理的目的不包括________。
A. 图像分析
B. 图像复原和重建
C. 提高图像的视感质量
D. 获取原始图像

32. 汉字从键盘录入到存储,涉及汉字输入码和汉字________。
A. DOC码
B. ASCII码
C. 区位码
D. 机内码

33. 使用计算机生成景物图像的两个主要步骤是________。
A. 扫描,取样
B. 绘制,建模
C. 取样,A/D转换
D. 建模,绘制

34. 下列关于图像获取设备的叙述中,错误的是________。
A. 大多数图像获取设备的原理基本类似,都是通过光敏器件将光的强弱转换为电流的强弱,然后通过取样、量化等步骤,进而得到数字图像
B. 有些扫描仪和数码相机可以通过参数设置,得到彩色图像或黑白图像
C. 目前数码相机使用的成像芯片主要有CMOS芯片和CCD芯片
D. 数码相机是图像输入设备,而扫描仪则是图形输入设备,两者的成像原理是不相同的

35. 下列静态图像文件格式中,在Internet上大量使用的是________。
A. swf
B. tif
C. bmp
D. jpg

36. 下列说法中错误的是________。
A. 计算机图形学主要研究使用计算机描述景物并生成其图像的原理、方法和技术
B. 用于在计算机中描述景物形状的方法有多种
C. 树木、花草、烟火等景物的形状也可以在计算机中进行描述
D. 利用扫描仪输入计算机的机械零件图是矢量图形

37. 一幅具有真彩色(24位)、分辨率为1 024×768的数字图像,在没有进行数据压缩时,它的数据量大约是________。
A. 900 KB
B. 18 MB
C. 3.75 MB
D. 2.25 MB

38. 在计算机中描述景物结构、形状与外貌,然后将它绘制成图像显示出来,这称为________。
A. 位图
B. 点阵图像
C. 扫描图像
D. 合成图像(图形)

三、填空题

1. MPEG-1的声音压缩编码按算法复杂程度分成________个层次,分别应用于不同场合。
2. 现实世界中人耳能听到的声音,其带宽很宽,可达到20 Hz~________kHz,通常称之为全频带声音。
3. 一幅图像若其像素深度是8位,则它能表示的不同颜色的数目为________。
4. 一幅分辨率为512×512的彩色图像,其R、G、B三个分量分别用8个二进位表示,则未进行压缩时该图像的数据量是________KB。
5. 黑白图像或灰度图像只有________个位平面,彩色图像有3个或更多的位平面。
6. 彩色显示器的彩色是由三个基色R、G、B合成得到的,如果R、G、B分别用4个二进位

表示,则显示器可以显示________种不同的颜色。

7. 一架数码相机,一次可以连续拍摄65 536色的1 024×1 024的彩色相片40张,如不进行数据压缩,则它使用的Flash存储器容量至少是________MB。
8. MP3音乐采用的声音数据压缩编码的国际标准是________层3算法。
9. 卫星数字电视和新一代数字视盘DVD采用________作为数字视频压缩标准。
10. 声音由许多不同频率的谐波组成,谐波的频率范围称为声音的________。
11. 用屏幕水平方向上可显示的点数与垂直方向上可显示的点数来表示显示器清晰度的指标,通常称为________率。
12. 用户可以根据自己的喜好选择收看电视节目,即从根本上改变用户被动收看电视的技术称为________技术。
13. 目前的移动通信和IP电话中,语音信号大多采用混合编码方法,既能达到较高的________,又能保证较好的语音质量。
14. 有线数字电视普及以后,传统的模拟电视机需要外加一个________才能收看数字电视节目。

第6章　计算机信息系统与数据库

内容提要

6.1　计算机信息系统

1. 计算机信息系统的特点

计算机信息系统(以下简称信息系统)是一类以提供信息服务为主要目的数据密集型、人机交互的计算机应用系统。它在技术上有四个特点：

(1) 数据量大,一般需存放在外存中。

(2) 数据存储持久性绝。

(3) 数据资源使用共享性。

(4) 信息服务功能多样性(管理、检索、分析、决策等)。

2. 计算机信息系统的结构

在计算机硬件、系统软件和网络等基础设施支撑下运行的计算机信息系统,通常划分为三个层次：资源管理层、业务逻辑层、应用表现层。

3. 数据库(DB)

资源管理层是由数据库和数据库管理系统所组成的。

数据库是长期存储在计算机内、有组织、可共享的数据集合,是存放大量数据的“仓库”。

数据库中的数据按一定方式(数据模型)进行组织存储,具有较小冗余度、较高数据独立性和易扩展性,并可为各种用户所共享。

4. 数据模型

(1) 二维表格形式→关系模型→关系数据库(已成为主流)。

(2) 树的层次形式→层次模型→层次数据库。

(3) 网络的形式→网状模型→网状数据库。

5. 数据库管理系统(DBMS)

数据库管理系统是对数据进行管理的软件系统,它是数据库系统的核心软件。现在流行的数据库管理系统有：美国甲骨文公司的 Oracle,IBM 公司的 DB2,微软公司的 Microsoft SQL Server、Access 和 VFP,以及自由软件 MySQL 和 PostgreSQL 等。

数据库管理员(DBA)通过 DBMS 进行数据库的维护工作。

6. 数据库系统(DBS)

采用数据库技术的信息系统称为数据库系统,包括应用程序、数据库管理系统、操作系统、数据库四大组成部分。

数据库系统的主要特点：

(1) 数据结构化。

(2) 数据共享性高，冗余度低。

(3) 数据独立于程序。

(4) 统一管理和控制数据。

7. 数据库访问

数据库访问就是用户根据使用要求对存储在数据库中的数据进行操作。

DBMS一般都配置有结构化数据库查询语言(SQL)供用户使用。例如，查询男学生的选课成绩表，可以使用如下查询SQL命令：

```
SELECT SNANE, DEPART, CNAME, GRADE
    FROM   S, C, SC
        WHERE   S.SNO=SC.SNO   AND   SC.CNO=C. CN   AND   S.SEX='男';
```

目前计算机信息系统中数据库访问通常采用客户/服务器(C/S)模式或浏览器/服务器(B/S)模式。

C/S模式采用两层模式：第一层是客户机，第二层是数据库服务器。

B/S模式采用三层模式：第一层是客户层(浏览器)，第二层是业务逻辑层(Web服务器)，第三层是数据库服务器层。

6.2 关系数据库简介

1. 关系数据模型的二维表结构

数据的关系模型结构就是二维表结构，由表名、行、列组成。行也称为元组，列也称为属性。

数据库中的每个二维表的结构各不相同，它们使用“关系数据模式”来进行说明的，格式为：

$R(A_1, A_2, \cdots, A_i \cdots, A_n)$

其中，R为关系模式名，即二维表名。$A_i(1 \leqslant i \leqslant n)$是属性名。

例如，学生登记表的关系数据模式可以表示为：

学生登记表(学号，姓名，系别，性别，出生日期，身高)

或：S(SNO, SNAME, DEPART, SEX, BDATE, HEIGHT)

关系数据模式必须标识“主键”，用它来唯一区分二维表中不同的元组(行)。以上关系数据模式中用下划线标注出的属性就是该模式的主键。

2. 二维表的基本操作

(1) 选择操作。

选择操作是一种一元操作，它从关系中选择满足条件的元组组成一个新关系，结果关系中的属性(列)与原关系相同。

(2) 投影操作。

投影操作是一种一元操作，它从关系的属性中选择属性列，由这些属性列组成一个新关系。新关系中的属性(列)是原关系中属性的子集。在一般情况下，其元组(行)的数量与原关系保持不变。

(3) 连接操作。

连接操作是一种二元操作，它基于共有属性将两个关系组合起来。

3. SQL 数据库的体系结构

SQL 数据库具有三级体系结构，其中：

局部模式是面向用户使用的二维表模式，对应于视图(视图实际上是一个虚表)；

全部模式是应用部门整体性的二维表模式，对应于基本表；

存储模式对应于存储文件。

4. SQL 的数据查询

查询是数据库的核心操作。SQL 提供 SELECT 语句，具有灵活的使用方式和极强查询的功能。关系操作中最常用的是"投影"、"选择"和"连接"，都体现在 SELECT 语句中。

```
SELECT   A1,A2,…,An
  FROM      R1,R2,…,Rm
     [WHERE   F]
```

SELECT 语句语义为：将 FROM 子句所指出的 R(基本表或视图)进行连接，从中选取满足 WHERE 子句中条件 F 的行(元组)，最后根据 SELECT 子句给出的 A(列名)将查询结果表输出。

(1) 单表查询：查询所有男学生的情况。

```
SELECT   *
  FROM   S
     WHERE   SEX='男';
```

(2) 连接查询(查询同时涉及两个以上的表)。

查询每个男学生及其选修课程的情况，要求列出学生名，系别，选修课程名及成绩。

```
SELECT SNANE,DEPART,CNAME,GRADE
  FROM   S,C,SC
     WHERE   S.SNO=SC.SNO   AND   SC.CNO=C.CN   AND   S.SEX='男';
```

例题分析

一、选择题分析

【例 1】 数据模型是在数据库领域中定义数据及其操作的一种抽象表示，下列关于数据模型的说法，错误的是________。

A. 数据模型是直接面向计算机系统(即数据库)中数据的逻辑结构

B. 通常要求一个数据模型包括数据静态的特性和数据的动态特性

C. 数据模型由三部分组成，即实体及实体间联系的数据结构描述、对数据的操作以及数据中完整性约束条件

D. 根据实体集之间的不同结构，常把数据模型分为层次模型、关系模型、概念模型

分析：常用的数据模型有层次模型、网状模型、关系模型。

答案：D

【例2】 从关系中选择满足条件的元组组成一个新关系的操作称为________操作。

A. 投影　　B. 选择

C. 连接　　D. 除

分析：选择操作是从关系中选择满足条件的元组组成一个新关系。

答案：B

【例3】 下列关于视图的说法，错误的是________。

A. 视图和基本表一样都是关系

B. 视图在数据字典中存储要用到的数据

C. 视图是DBMS所提供的一种以用户模式观察数据库中数据的重要机制

D. 用户可以在视图上再定义视图

分析：视图和基本表一样都是关系，视图可由基本表或其他视图导出，视图只是一个虚表，在数据字典中保留其逻辑定义，而不作为一个表实际存储数据。

答案：B

【例4】 下列关系模式：

学生S(学号SNO，姓名SNAME，系别DEPART)

课程C(课程号CNO，课程名CNME，开课时间SEMESTER)

学生选课SC(学生SNO，课程号CNO，成绩GRADE)

要检索选修课程号为"CS-101"的学生学号与姓名，需要涉及的关系有________。

A. S，C，SC　　B. S，C

C. S，SC　　D. SC，C

分析：用SQL语句描述：SELECT SNO，SNAME FROMS，SC WHERE SNO＝SC.SNO AND CNO＝'CS-101'即可实现查询。

答案：C

【例5】 用二维表结构表示实体集以及实体集之间联系的数据模型是________。

A. 网状模型　　B. 关系模型

C. 表状模型　　D. 层次模型

分析：层次模型用树结构表示实体集之间的联系；网状模型用网络结构表示实体集之间联系的数据模型；关系模型是用二维表结构表示实体集以及实体集之间联系的数据模型。所以答案B正确。

答案：B

【例6】 在下列有关数据库技术的叙述中，错误的是________。

A. 关系模型是目前在数据库管理系统中使用最为广泛的数据模型之一

B. 从组成上看，数据库系统由数据库及其应用程序组成，它不包含DBMS及用户

C. SQL语言不限于数据查询，还包括数据操作、定义、控制和管理等多方面的功能

D. Access数据库管理系统是Office软件包中的软件之一

分析：数据库系统由数据库(简称DB)、数据管理员(简称DBA)和有关软件组成。这些软件包括数据库管理系统(简称DBMS)、宿主语言、开发工具和应用程序等。

答案：B

【例7】 计算机信息系统(简称信息系统)是一类以提供信息服务为主要目的的数据密集型、人机交互的计算机应用系统。在下列有关信息系统的叙述中,错误的是________。

A. 信息系统开发方法有多种,例如生命周期法、原型法等

B. 信息系统中绝大部分数据是随程序运行的结束而消失的

C. 信息系统中的数据为多个应用程序所共享

D. 目前信息系统的软件体系结构包括客户机/服务器和浏览器/服务器两种主流模式

分析:计算机信息系统中,绝大部分数据是持久的,不随程序运行的结束而消失,长期保留在计算机系统中。信息系统是多种多样的,但其基本结构又一样的,目前,信息系统的软件体系结构包括客户机/服务器、浏览器/服务器两种主流模式。

答案:B

二、是非题分析

【例1】 计算机信息系统涉及的数据量很大,为了加快速度,数据一般都存放在高速缓冲区里。

分析:计算机信息系统涉及的数据量很大,数据一般需存放在辅助存储器(即外存)中,内存中设置缓冲区,暂存其中当前要处理的一小部分数据。

答案:N

【例2】 信息系统开发过程中,最重要的核心技术是基于数据库系统的设计技术。

分析:信息系统开发过程中,除了软件工程技术外,最重要的核心技术是基于数据库系统的设计技术。

答案:Y

【例3】 数据与程序的独立,可以简化应用程序的编制,减少应用程序的维护工作量。

分析:数据与程序的独立,可以将数据的定义从程序中分离出来,加之数据的存取由DBMS负责,因而可以简化应用程序的编制,减少应用程序的维护工作量。

答案:Y

【例4】 SQL语句可嵌入在宿主语言中使用,但不可在终端上以联机交互方式使用。

分析:SQL语句可嵌入在宿主语言(如FORTRAN、C语言等)中使用。SQL用户也可在终端上以联机交互方式使用SQL语句。

答案:N

三、填空题分析

【例1】 层次模型和网状模型统称为________。

分析:层次模型用树结构表示实体集之间的联系,网状模型用网络结构表示实体集之间联系的数据模型,它们统称为非关系模型。

答案:非关系模型

【例2】 信息系统的软件体系结构包括客户机/服务器和________两种主流模式。

分析:信息系统的软件体系结构包括客户机/服务器、浏览器/服务器两种主流模式.

答案:浏览器/服务器

自我检测

一、判断题

1. 关系操作中的“并运算”要求参与运算的两个关系至少有一个相同的属性。
2. 关系数据库语言SQL是一种非过程语言，使用SQL必须指出需要何类数据(做什么)和获得这些数据的步骤(如何做)。
3. 计算机信息系统的特征之一是涉及的数据量大，因此必须在内存中设置缓冲区，用以长期保存系统所使用的这些数据。
4. 开发新一代智能型计算机的目标是完全替代人类的智力劳动。
5. 在关系(二维表)中，可以出现相同的元组(行)。
6. SQL语句既可以在联机交互方式下使用，又可以嵌入到宿主语言中使用。
7. SQL语言具有数据定义、数据查询和数据更新的功能。
8. SQL语言是结构化关系型数据库查询语言。
9. 关系操作的特点是：操作的对象是关系，操作的结果仍为关系(包含关系为空的情况)。
10. 计算机信息系统的特征之一是其涉及的大部分数据是持久的，并可为多个应用程序所共享。
11. 每个合乎关系模式R(A1，A2，…，An)语法的元组都可作为二维表R中的“行”。
12. 数据的逻辑独立性指用户的应用程序与数据库的逻辑结构相互独立，系统中数据逻辑结构改变，应用程序不需改变。

二、选择题

1. 选取关系中满足某个条件的元组而组成一个新的关系，这种关系运算称之为________。
   A. 连接　　B. 选择　　C. 投影　　D. 搜索
2. 要求在学生表STUD中查询所有小于20岁的学生姓名(XM)及其年龄(SA)。可用的SQL语句是________。
   A. SELECT XM，SA FROM STUD FOR SA＜20
   B. SELECT XM，SA FROM STUD WHERE SA＜20
   C. SELECT XM，SA ON STUD FOR SA＜20
   D. SELECT XM，SA ON STUD WHERE SA＜20
3. 下列各项中，不属于关系数据库标准语言SQL特征的是________。
   A. 过程语言　　B. 可嵌入宿主语言使用
   C. 作为用户与数据库的接口　　D. 非过程语言
4. 在SQL数据库的三级体系结构中，视图对应于________。
   A. 面向用户的关系模式　　B. 系统的全局关系模式
   C. 存储文件　　D. E-R图中的联系
5. 关系模式的一般描述形式为：R(A1，A2，…，Ai，…，An)，其中R和Ai分别对应于________。
   A. 模式名和联系名　　B. 模式名和属性名

C. 联系名和属性名　　D. 属性名和模式名

6. 数据库系统的核心软件是________。

A. 数据库　　B. 数据库管理系统

C. 建模软件　　D. 开发工具

7. 以下关于关系数据模型的叙述中，错误的是________。

A. 关系中每个属性是不可再分的数据项

B. 关系中不同的属性可有相同的值域和属性名

C. 关系中不允许出现相同的元组

D. 关系中元组的次序可以交换

8. 关系操作中的选择运算对应 SELECT 语句中的________子句。

A. SELECT　　B. FROM

C. WHERE　　D. GROUP BY

9. 关于数据库系统的叙述中，错误的是________。

A. 物理数据库指长期存放在外存上的可共享的相关数据的集合

B. 数据库中存放有“元数据”

C. 数据库系统支持环境不包括操作系统

D. 用户使用 SQL 实现对数据库的基本操作

10. 数据库管理系统(DBMS)属于________。

A. 专用软件　　B. 操作系统

C. 系统软件　　D. 编译系统

11. 下列关于一个关系中任意两个元组值的叙述中，正确的是________。

A. 可以全同　　B. 必须全同

C. 不允许主键相同　　D. 可以主键相同其他属性不同

12. 在关系模式中，对应关系的主键是指________。

A. 不能为外键的一组属性　　B. 第一个属性或属性组

C. 能惟一确定元组的一组属性　　D. 可以为空值的一组属性

13. 关系 R 和关系 S 有相同的模式，且各有 20 个元组，若这两个关系进行“并”运算，运算后所产生的元组个数为________个。

A. 20　　B. 任意

C. 40　　D. 大于等于 20，小于等于 40

14. 若 R 为关系模式名，A1、A2、A3、A4 是其属性名，下列正确的关系模式表示形式是________。

A. R(A1×A2×A3×A4)　　B. R(A1,A2,(A3,A4))

C. R((A1、A2)、A3、A4)　　D. R(A1,A2,A3,A4)

15. 数据库管理系统能对数据库中的数据进行查询、插入、修改和删除等操作，这种功能称为________。

A. 数据库控制功能　　B. 数据库管理功能

C. 数据定义功能　　D. 数据操纵功能

16. 以下所列内容中，________不是计算机信息系统的特征。

A. 以提供信息服务为目的　　B. 数据密集型系统
C. 数据密集型系统　　D. 计算密集型系统

17. 用二维表来表示实体及实体之间联系的数据模型称为________模型。
A. 层次　　B. 网状
C. 面向对象　　D. 关系

三、填空题

1. 有下列关系模式：学生关系：S(学号,姓名,性别,年龄)、课程关系：C(课程号,课程名,教师)、选课关系：SC(学号,课程号,成绩)。若需查询选修课程名为“大学计算机信息技术”的学生姓名,其 SQL - Select 语句将涉及________个关系。
2. 已知学生成绩表,其模式为 STUDENT(学号,姓名,数学,物理),查找两门课成绩都在90分以上的学生名单的 SQL 语句为：SELECT 学号,姓名 FROM STUDENT WHERE 数学＞＝90________物理＞＝90。
3. 在 SQL 中将一条记录插入到指定的表,可使用________语句(只填语句标识符)。
4. 对应 SQL 查询语句“SELECT .... FROM .... WHERE ....”,若要指出目标表中列的内容,应将其写在________子句中。
5. 在学生成绩管理系统中,有学生表 S,其模式为 S(S＃,SNAME,SEX,AGE)。现要查询所有男学生的相关信息,则要使用 SQL 的________语句(只填 SQL 语句标识符)。
6. 目前为关系数据库配备非过程关系语言最成功且应用最广的语言是________。
7. 在 SQL 的删除语句 DELETE 中,如果省略________子句,则会删除表中所有的记录。

自我检测参考答案

第1章

一、判断题

1. N 2. N 3. Y 4. Y 5. Y 6. Y 7. Y 8. N 9. Y 10. Y 11. Y

二、选择题

1. A 2. A 3. C 4. A 5. A 6. B 7. B 8. C 9. C 10. C 11. C 12. C 13. C 14. D 15. D 16. D 17. D

三、填空题

1. 1 2. 15 3. 315.4 4. 1023 5. 1024 6. 11111111 7. 20 8. －255～＋255 9. FFFFF 10. 比特 11. 与

第2章

一、判断题

1. N 2. N 3. N 4. N 5. N 6. N 7. N 8. N 9. N 10. N 11. N 12. N 13. Y 14. Y 15. Y 16. Y 17. Y 18. Y 19. Y 20. Y 21. Y 22. N 23. Y 24. Y 25. Y 26. Y 27. Y 28. Y 29. Y

二、选择题

1. A 2. A 3. A 4. B 5. B 6. B 7. B 8. C 9. C 10. D 11. D 12. A 13. A 14. A 15. A 16. A 17. A 18. A 19. A 20. C 21. A 22. A 23. D 24. B 25. B 26. B 27. B 28. B 29. B 30. B 31. B 32. B 33. B 34. D 35. B 36. C 37. A 38. C 39. C 40. C 41. C 42. C 43. C 44. B 45. C 46. C 47. C 48. C 49. C 50. C 51. C 52. C 53. B 54. C 55. C 56. C 57. C 58. C 59. B 60. D 61. D 62. D 63. D 64. D 65. D 66. D 67. D 68. A 69. D 70. D 71. D

三、填空题

1. 512 2. 2 3. 64 4. CCD 5. CD-R 6. PCI-E 7. SATA 8. USB 9. USB 10. USB 11. 百万条定点指令 12. 半导体 13. 并行 14. 不兼容 15. 存储程序控制 16. 串行 17. 电池 18. 对角线 19. 分辨率 20. 基本输入输出系统 21. 寄存器 22. 巨型机 23. 逻辑 24. 墨水 25. 内存储器 26. 外存储器 27. 微型机 28. 系统 29. 向下兼容 30. 写入一次 31. 液晶 32. 音频与视频 33. 运算 34. 指令 35. 中央

第3章

一、判断题

1. N 2. N 3. N 4. N 5. N 6. N 7. N 8. Y 9. Y 10. Y 11. Y 12. Y 13. Y 14. Y 15. Y 16. Y 17. Y 18. Y 19. Y 20. Y 21. Y 22. N 23. Y

二、选择题

1. B 2. B 3. B 4. C 5. D 6. A 7. A 8. A 9. A 10. A 11. A 12. A 13. A 14. A 15. A 16. A 17. A 18. A 19. A 20. B 21. B 22. B 23. B 24. B 25. D 26. B 27. B 28. C 29. A 30. C 31. C 32. C 33. C 34. C 35. C 36. D 37. D 38. D 39. D 40. D 41. D 42. D 43. C

三、填空题

1. 1 2. 系统软件 3. 数据 4. 运算 5. 数据结构 6. 能行性

第4章

一、判断题

1. N 2. N 3. N 4. N 5. N 6. N 7. N 8. N 9. N 10. N 11. N 12. N 13. N 14. N 15. N 16. N 17. N 18. Y 19. Y 20. Y 21. Y 22. Y 23. Y 24. Y 25. Y 26. Y 27. Y 28. Y 29. Y 30. Y 31. Y 32. Y 33. Y 34. Y 35. Y 36. Y

二、选择题

1. A 2. A 3. B 4. B 5. C 6. C 7. D 8. D 9. A 10. A 11. A 12. A 13. A 14. B 15. B 16. B 17. B 18. B 19. B 20. B 21. B 22. B 23. B 24. B 25. B 26. B 27. B 28. C 29. C 30. C 31. C 32. C 33. C 34. D 35. C 36. C 37. C 38. C 39. D 40. D 41. B 42. D 43. D 44. D 45. D 46. D 47. D 48. D 49. D 50. A 51. D 52. A 53. A 54. B 55. B 56. C 57. C

三、填空题

1. 1 2. 2 3. 254 4. 255 5. 5 6. 56 7. 6 8. B 9. C 10. com.cn 11. IP地址 12. IP数据报 13. MAC 14. 传输介质 15. 打印 16. 有线电视 17. 调制解调器或MODEM 18. 对等 19. 广播 20. 交换 21. 解调 22. 客户机 23. 流 24. 路由表 25. 电视节目 26. 软件 27. 数据报 28. 四 29. 同轴电缆 30. 网络层 31. 网络协议 32. 文件 33. 文件 34. 无线 35. 物理(MAC) 36. 协议 37. 星 38. 远程登录 39. 帧 40. 主机 41. 资源 42. 地面微波接力 43. 二 44. 光 45. 基站 46. 微波 47. 误码率

第5章

一、判断题

1. N 2. N 3. N 4. N 5. N 6. N 7. Y 8. Y 9. Y 10. Y 11. Y 12. Y 13. Y 14. Y 15. Y 16. Y 17. Y 18. N

二、选择题

1. A 2. A 3. A 4. A 5. C 6. D 7. D 8. D 9. B 10. A 11. A 12. A 13. B 14. A 15. B 16. D 17. A 18. A 19. B 20. B 21. B 22. B 23. B 24. B 25. B 26. B 27. C 28. C 29. C 30. D 31. D 32. D 33. D 34. D 35. D 36. D 37. D 38. D

三、填空题

1. 3 2. 20 3. 256 4. 768 5. 1 6. 4096 7. 80 8. MPEG-1 9. MPEG-2 10. 带宽 11. 分辨 12. VOD/视频点播/点播电视 13. 压缩比 14. 数字机顶盒

第6章

一、判断题

1. N 2. N 3. N 4. N 5. N 6. Y 7. Y 8. Y 9. Y 10. Y 11. Y 12. Y

二、选择题

1. B 2. B 3. A 4. A 5. B 6. B 7. B 8. C 9. C 10. C 11. C 12. C 13. D 14. D 15. D 16. D 17. D

三、填空题

1. 3 2. and 3. Insert 4. SELECT 5. SELECT 6. SQL 7. Where

上机实验指导篇

实验1　操作系统

实验目的

1. 掌握 Windows 7 的基本操作。
2. 掌握 Windows 7 的程序管理。
3. 掌握“Windows 7 资源管理器”的使用。
4. 掌握“我的电脑”的使用。
5. 掌握文件和文件夹的常用操作。
6. 掌握磁盘管理的方法。

实验内容

实验 1-1　Windows 的基本操作和程序管理

1. Windows 7 桌面外观的设置

(1) 隐藏桌面图标。

要隐藏桌面上的图标，可以按照以下步骤操作。

① 在桌面空白处的位置右击，在弹出的菜单中指向“查看”。

② 在“查看”子菜单中选择“显示桌面图标”命令。

③ 此时“显示桌面图标”前面的√符号将消失，同时桌面上的图标也被隐藏。

(2) 自定义桌面背景。

桌面背景又称墙纸，即显示在电脑屏幕上的背景画面，它没有实际功能，只起到丰富桌面内容、美化工作环境的作用。

设置桌面背景，其操作步骤如下：

① 右击桌面的空白位置，在弹出的菜单中选择“个性化”命令，在弹出的对话框中单击“桌面背景”命令，如图 1-1 所示。

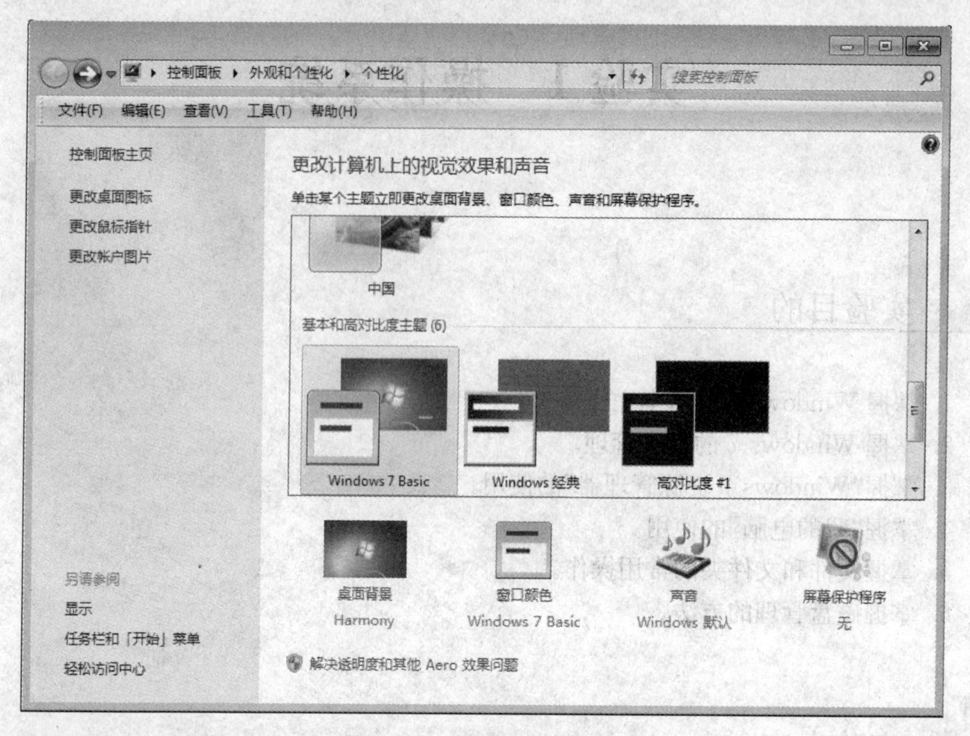

图 1-1 桌面外观设置

② 在弹出来的对话框中,在对话框左上方的“图片位置”下拉菜单中,可以选择要设置的图片所在的位置,如图 1-2 所示。

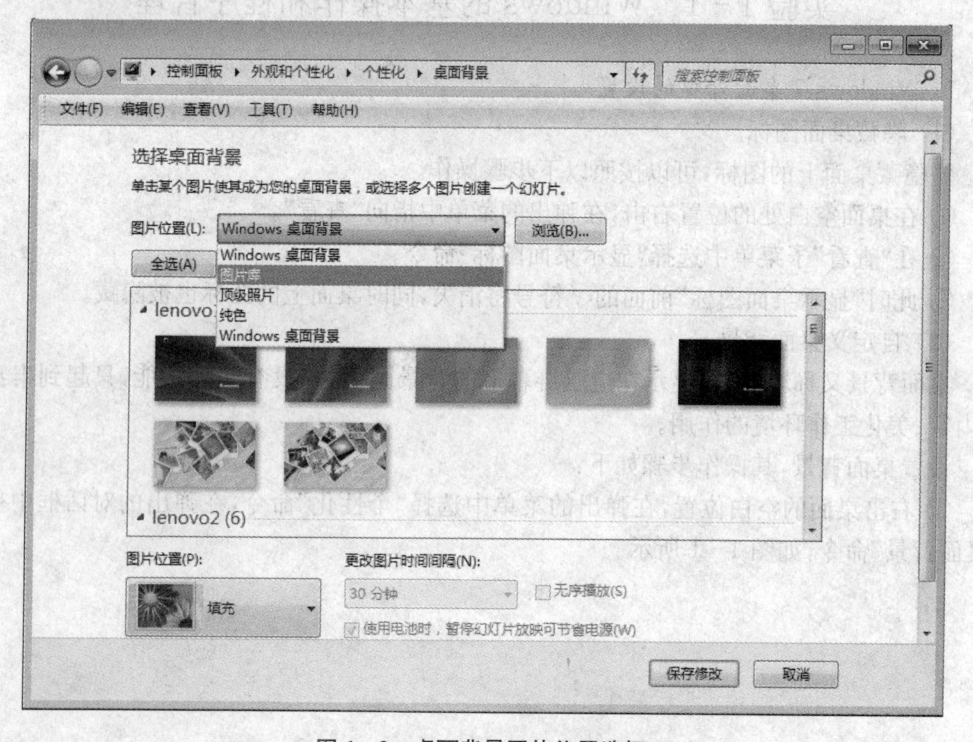

图 1-2 桌面背景图片位置选择

③ 以选择“Windows 桌面背景”选项为例，在下方的列表中选择一个喜欢的背景，如图 1－3 所示，此时可以预览到图 1－4 所示的效果。

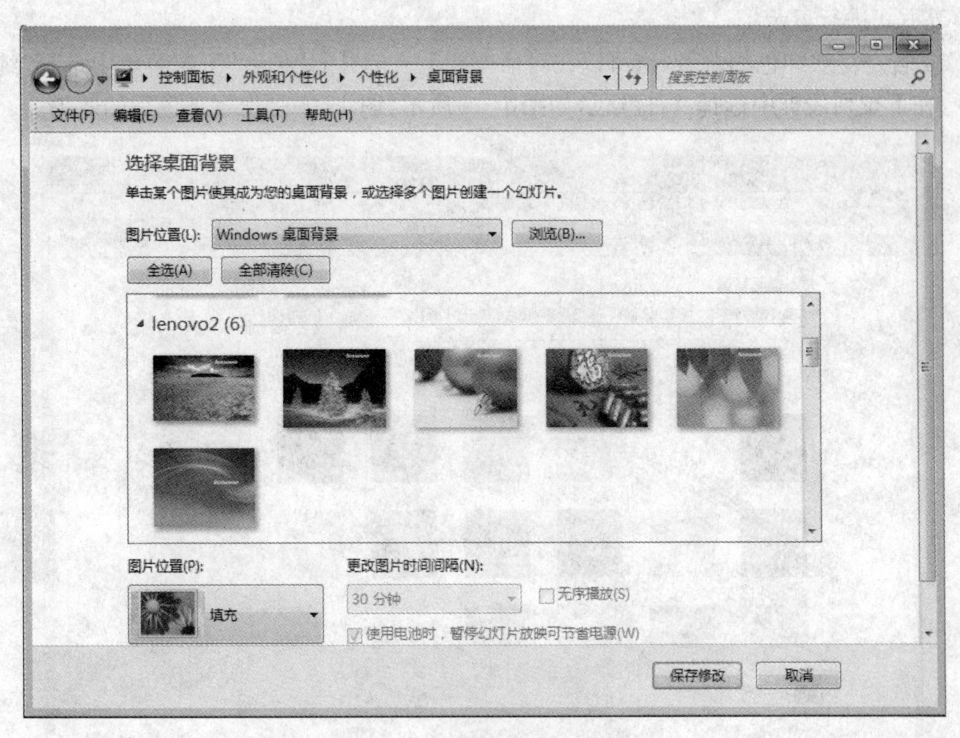

图 1－3　Windows 桌面背景图片

图 1－4　桌面背景设置效果

④ 若想使用电脑中其他的图片作为壁纸，则可以点击“浏览”按钮，在弹出的菜单中选

择一幅喜欢的图片,点击“打开”按钮。

⑤ 在对话框左下方的“图片位置”下拉菜单中可以选择壁纸以填充、适应、拉伸、平铺或居中等方式进行显示。

⑥ 若是喜欢纯色的背景,也可以在对话框左上方的“图片位置”下拉菜单中选择“纯色”命令,在下拉列表框中选择一种颜色,如图 1-5 所示,图 1-6 是设置单色后的效果。

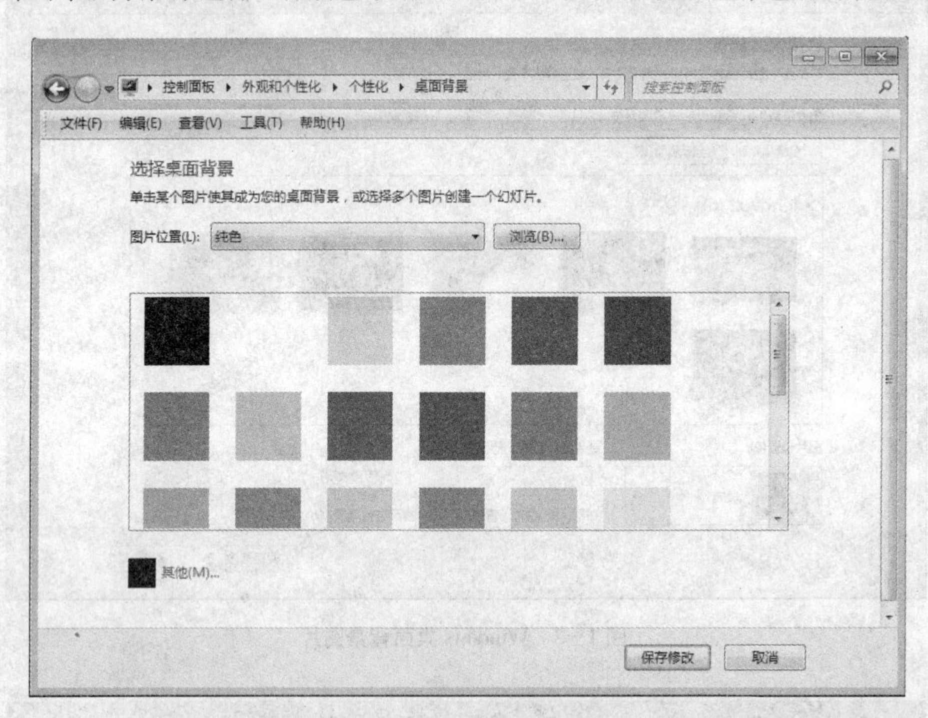

图 1-5 桌面背景纯色选择

图 1-6 桌面背景纯色设置效果

⑦ 设置完成后，单击“保存修改”按钮即可。

2. 任务栏操作

(1) 设置任务栏属性。

在 Windows 7 操作系统中，任务栏是指位于桌面最下方的小长条，主要由开始菜单、快速启动栏、应用程序区、语言选项带和托盘区组成，而 Windows 7 系统的任务栏则有“显示桌面”功能。设置任务栏属性可以按照以下步骤操作。

① 在任务栏的空白处右击，在弹出的菜单中选择“属性”命令，弹出“任务栏和开始菜单属性”对话框。

② 选择“任务栏”选项卡，在该对话框中选定“自动隐藏任务栏”选项。

③ 单击“确定”按钮，观察当鼠标指针移到任务栏位置和离开该位置时任务栏的变化。

(2) 任务栏按钮。

执行以下操作，并观察任务栏上的变化。

① 双击桌面上的“计算机”图标，打开资源管理器，然后访问“C:\Program Files”文件夹，观察任务栏中的变化。

② 保持前一窗口不关闭，双击桌面上的“计算机”图标，打开资源管理器，然后访问“C:\Windows”文件夹，观察任务栏中的变化。

③ 将光标置于任务栏中的资源管理器图标上，观察其变化。

④ 在 Windows Media Player 图标上右击，在弹出的菜单中选择“将此程序从任务栏解锁”命令，如图 1-7 所示，然后观察任务栏中的变化。

图 1-7 应用程序任务栏解锁

3. 窗口基本操作

保持上面打开的窗口，执行以下操作。

(1) 在“计算机”标题栏上双击，观察窗口的变化；再次在标题栏上双击，观察窗口的变化。

(2) 将光标移动到“计算机”窗口的标题栏上，拖拽它可随意移动窗口到任何位置。

(3) 单击最大化按钮、还原按钮和最小化按钮，观察窗口的变化。

(4) 将鼠标指针移动到“计算机”窗口的左右边框上，当鼠标指针变为↔状态时，左右拖拽鼠标，可以在水平方向上改变窗口的大小。

(5) 将鼠标指针移动到“计算机”窗口的上下边框上，当鼠标指针变为↕状态时，上下拖拽鼠标,可以在垂直方向上改变窗口的大小。

(6) 将鼠标指针移动到“计算机”窗口的四个角上,当鼠标指针变为↘或↗状态时,拖拽鼠标,可以同时在水平和垂直方向上改变窗口的大小。

(7) 单击窗口标题栏“关闭”按钮 X ,可关闭窗口

4. 特殊字符输入练习

启动 Microsoft Word,输入下列特殊字符。

(1) 标点符号:。 , 、 : ~ 【 《 『 〖 …

(2) 数学符号:≈ ≠ ≤ ≮ ∷ ± ÷ ∫ ∑ ≌ ⊙

(3) 特殊符号:§ № ☆ ★ ○ ● ◎ ◇ ◆ ※ ‰

(4) Webdings:● ◀ ◀◀ ⏮ ⏸ ■ 🛠 ▶ ♥ 🎖 🗗 ▞ ◣

(5) Wingdinds:✏ ✂ ✍ 📖 ☎ 📪 📂 💻 ✌ ☺ 🏳 ✈

(6) 特殊字符:® © ™ § ¶ —

(1)、(2)、(3)可通过软键盘输入,(4)、(5)、(6)可通过“插入”菜单中的“符号”命令输入。

5. “剪贴簿查看器”的使用

(1) 打开“附件”组中的“计算器”。

(2) 按下 Alt + Print Screen,“计算器”窗口被复制到剪贴中。

(3) 启动“画图”程序,用“编辑→粘贴”命令将剪贴板上的内容复制到画布上,保存起来,文件名为 pc. jpg。

6. 使用 Windows 的帮助系统

(1) 将 Windows 帮助系统中“调整鼠标双击速度”帮助主题的内容按文本文件的格式保存到桌面,文件名为 Help1. txt。

(2) 将 Windows 的帮助系统中“更改屏幕分辨率”帮助主题的内容按文本文件的格式保存到桌面,文件名为 Help2. txt。

(3) 若计算机与 Internet 连接,尝试从“帮助和支持中心”搜索并更新计算机的系统。

(4) 在“帮助和支持中心”,选择用“Windows update 保持你的计算机处于最新状态”。

(5) 若计算机与 Internet 连接,尝试进入 Windows 新闻组,查看其中的信息。

在“帮助和支持中心”主页中,选择“获取支持,或在 Windows XP 新闻组中查找信息”。

7. “Windows 任务管理器”的使用

(1) 启动“画图”程序,打开“Windows 任务管理器”窗口,记录系统当前进程数和“画图”的线程数。

系统当前进程数:________。

“画图”的进程数:________。

在系统默认情况下,“Windows 任务管理器”窗口不显示进程的线程数。若要显示线程数,则应先选择“进程→查看→选择列”命令设置显示线程数,如图 1-8 所示。

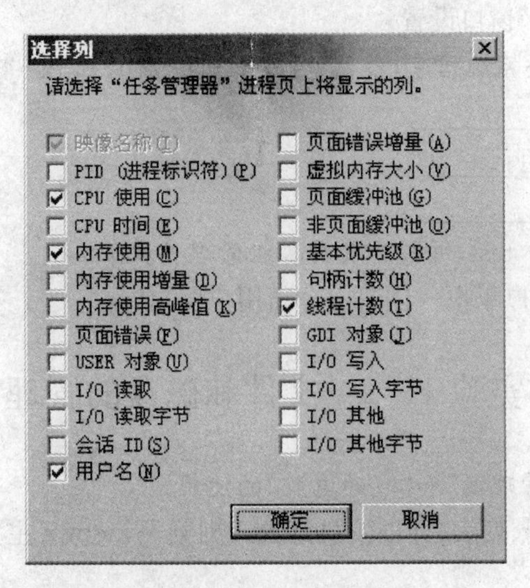

图1-8 线程数显示设置

(2) 通过"Windows 任务管理器"终止"画图"程序的运行。

8. *在桌面上建立快捷方式和其他对象*

(1) 为"控制面板"中的"系统"建立快捷方式。

有两种方法:一是用鼠标把"系统"图标直接拖拽到桌面上;二是通过"系统"快捷菜单中的"创建快捷方式"命令。

(2) 为"Windows 资源管理器"建立一个为"资源管理器"的快捷方式。

有三种方法:一是用鼠标右键单击"附件"组中的"Windows 资源管理器",然后在其快捷菜单中选择"发送到→桌面快捷方式"命令;二是按住 ctrl 键,直接把"附件"组中的"Windows 资源管理器"拖拽到桌面上;三是通过桌面快捷菜单中的"新建→快捷方式"命令来完成,首先是确定"Windows 资源管理器"程序的文件名及其所在的文件夹。对应的文件名是 explorer. exe,其路径可以通过"开始|搜索"查找。如果不知道对应的文件名,则用鼠标右键单击"附件"组中的"Windows 资源管理器",然后在其快捷菜单中选择"属性"命令,在弹出的对话框中查看文件名及其路径。

(3) 为 document and settings 文件夹创建快捷方式。

(4) 为 Windows 主目录中的某一文件创建快捷方式。

(5) 在桌面上建立名称为 data. txt 的文本文件和名称为"我的数据"的文件夹。

9. *回收站的使用和设置*

(1) 删除桌面上建立的"资源管理器"快捷方式和"系统"快捷方式。

方法:按 del 键或选择快捷菜单中的"删除"命令。

(2) 恢复已经删除的"资源管理器"快捷方式。

方法:打开"回收站",然后选定要恢复的对象,最后选择"文件→还原"命令。

(3) 永久删除桌面上的"data. txt"文件对象,使之不可恢复。

方法:删除文件时按住 shift 键将永久删除文件。

(4) 设置各个驱动器的回收站容量:C 盘回收站的最大容量为 C 盘容量的 10%,其余硬盘上的回收站空间为其容量的 5%。

通过“回收站→属性”窗口设置。

10. 查看并记录有关系统信息,使用“控制面板→系统”工具

完整的计算机名称:________。

隶属于德域或工作组:________。

网络适配器的型号:________。

11. 创建一个新用户 test,并授予其计算机管理员权限

使用“控制面板→用户账户→创建一个新用户”工具。

实验 1-2 文件和磁盘的管理

1. “Windows 资源管理器”和“我的电脑”的使用

(1) 分别选用缩略图、列表、详细信息等方式浏览 Windows 主目录,观察各种显示方式之间的区别。

(2) 分别按名称、大小、文件类型和修改时间对 Windows 主目录进行排序,观察 4 中排序方式的区别。

(3) 设置和取消下列文件夹查看选项,并观察其中的区别。

① 显示所有的文件夹和文件。

② 隐藏受保护的操作系统文件。

③ 隐藏已知文件类型的扩展名。

④ 在同一窗口中打开文件夹还是在不同窗口中打开不同的文件夹等。

2. 查看磁盘空间

双击桌面的“计算机”图标打开资源管理器,再双击打开 C 盘,然后在其中的空白位置右击,在弹出的菜单中选择“属性”命令,查看其详细的磁盘容量信息,如图 1-9 所示。

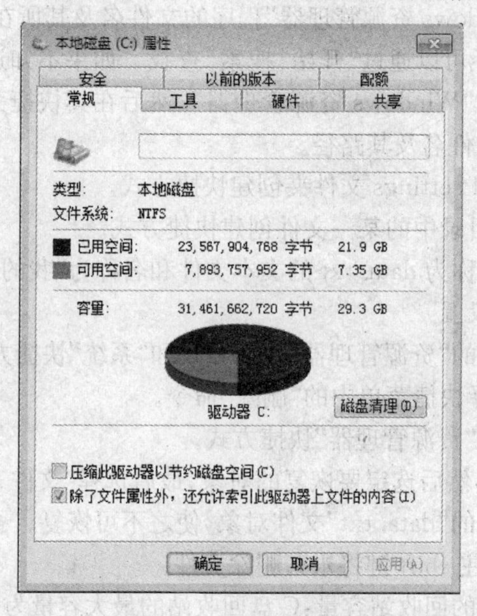

图 1-9 磁盘空间查看

3. 文件夹的创建

在C盘根目录下创建如图1-10所示的文件夹和子文件夹。

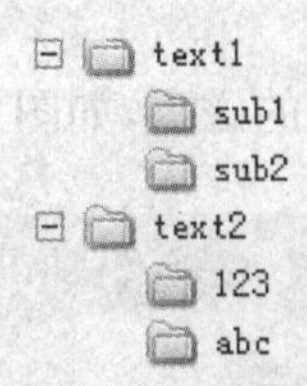

图1-10　文件夹结构

4. 文件的创建、移动和复制

(1) 在桌面上,用记事本建立一个文本文件 t1. txt。

通过"快捷菜单→新建→文本文档"命令创建文本文件 t2. txt。两个文件的内容可任意输入。

(2) 将桌面上的 t1. txt 文件用"编辑→复制"和"编辑→粘贴"命令复制到 C:\text1。

(3) 将桌面上的 t1. txt 文件用 ctrl+c 和 ctrl+v 命令复制到 C:\text1\sub1。

(4) 用鼠标拖拽的方法将桌面上的 t1. txt 文件复制到 C:\text1\sub2。

(5) 将桌面上的 t2. txt 文件移动到 C:\text2\123。

(6) 将 C:\text1\sub2 文件夹移动到 C:\text2\abc 中,要求移动整个文件夹,而不是仅仅移动其中的文件。

(7) 用其快捷键菜单中的"发送"命令将 C:\text1\sub1 发送到桌面上,观察它在桌面上创建的是文件夹还是文件夹快捷方式。

5. 文件和文件的删除、回收站的使用

(1) 删除桌面上的 t1. txt。

(2) 恢复刚刚删除的文件。

(3) 用 shift+del 命令删除桌面上的文件 t1. txt,观察是否送到回收站。

(4) 删除 C:\text2 文件夹,并观察是否被送到回收站。

6. 文件属性查看和设置

查看 C:\text1\t1. txt 文件属性,并把它设置为"只读"和"隐藏"。

7. 搜索文件和文件夹

(1) 查找C盘上所有扩展名为 txt 的文件。

搜索时,可以使用"?"和"*"。其中"?"表示任意一个字符,"*"表示任意一个字符串。因此,在此题中应输入"*. txt"作为搜索文件名。

如需要查找C盘上文件名中第三个字符为"a"、扩展名为"bmp"的文件。

方法:搜索时输入"?? a*. bmp"作为文件名。搜索完成后,使用"文件→保存搜索"命令保存搜索结果。

(2) 查找文件中含有文字"Windows"的所有文本文件,并把它们复制到 C:\text2 中。

(3) 查找C盘上在去年一年内修改过的所有 bmp 文件。

8. 磁盘清理

磁盘清理程序能查找并删除不再需要的文件,以增加磁盘的可用空间,同时还可以在一定程度上提高系统的运行速度。

要进行磁盘清理,可以按照以下方法操作。

(1) 选择“开始”中的“所有程序”,选择“附件”中的“系统工具”,在展开的“系统工具”中选择“磁盘清理”命令。

(2) 在弹出的对话框中选择要清理的磁盘,如图1-11所示。

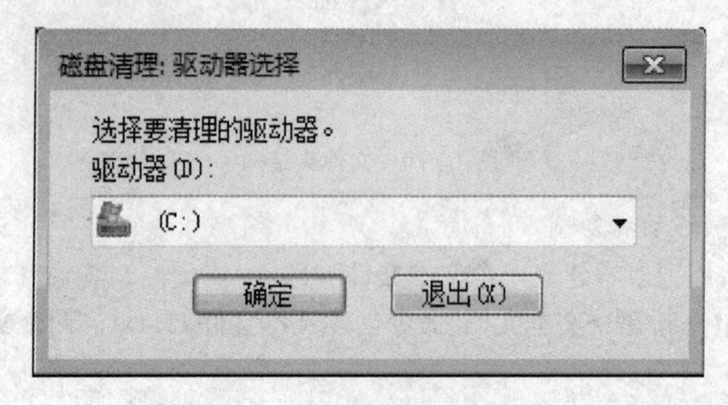

图1-11 磁盘清理—磁盘选择

(3) 单击“确定”按钮,在弹出的对话框中选择要删除的文件,如图1-12所示。

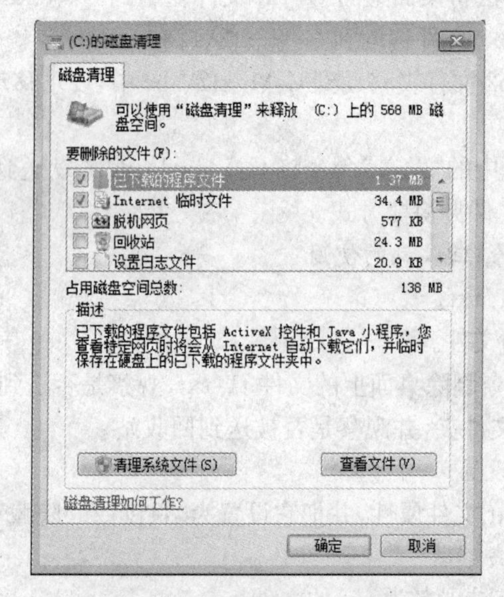

图1-12 磁盘清理—文件选择

(4) 确认删除的文件后,单击“确定”按钮即可开始清理。

如果要增加磁盘上的可用空间数量,还可以使用以下几种方法:

① 清空回收站。

② 将很少使用的文件制作成压缩包,然后从硬盘上将原文件删除。

③ 将不再使用的程序和组件删除。

9. 磁盘碎片整理

磁盘在保存文件时,可能会将文件分散保存到整个磁盘的不同地方,而不是连续地保存在磁盘连续的簇中,因此就可能会产生碎片,以下是一些典型的、容易产生碎片的情况。

(1) 由于文件保存在磁盘的不同位置上，当执行剪切、删除文件后，会空出相应的磁盘空间，但若此时拷贝较大的文件，导致这个空出来的小空间不足以放下这个大文件，那么就会将其拆分为多个部分，分别记录在磁盘的轨道上，这样就容易产生磁盘碎片。

(2) 在系统运行过程中，Windows 7 系统可能自动调用虚拟内存同步管理程序，导致各个程序对硬盘频繁读写，从而产生磁盘碎片。

(3) IE 的缓存会在上网时产生很多临时文件，以保证查看网页内容的流畅性，此时也容易产生碎片文件。

由于大量文件碎片的存在，存储和读取碎片文件将会花费较长的时间，因此我们需要用磁盘碎片整理程序对零散、杂乱的文件碎片进行整理。磁盘容量越大，则整理时花费的时间也就越长，但是整理工作完成后，将会在很大程度上提高电脑的运行速度。

要整理磁盘碎片，可以按照以下方法操作。

① 选择“开始”中的“所有程序”，选择“附件”中的“系统工具”，在展开的“系统工具”中选择“磁盘碎片整理程序”命令，将弹出图 1 - 13 所示的对话框。

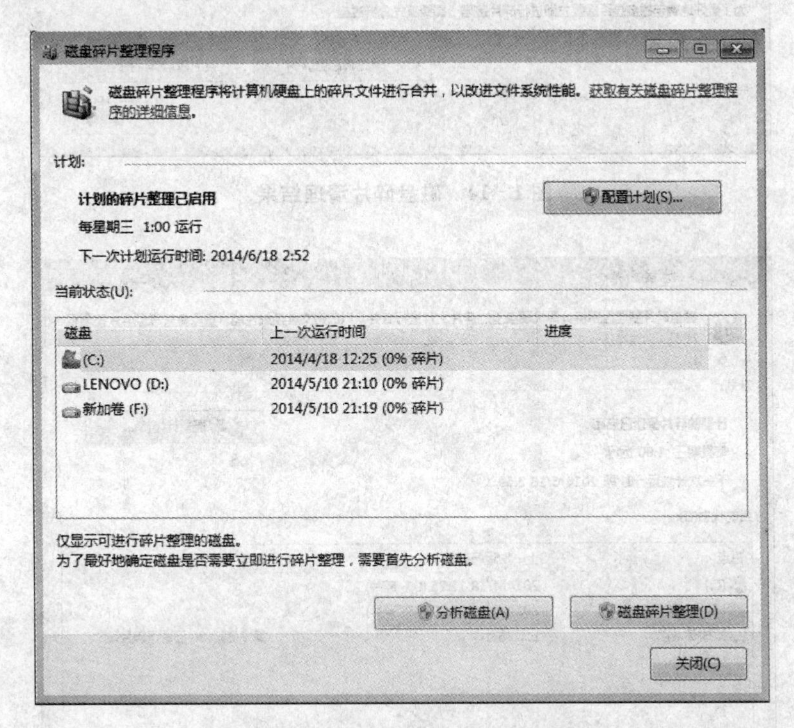

图 1 - 13　磁盘碎片清理—磁盘选择

② 选择要整理碎片的磁盘分区，此处以 F 盘为示例，然后点击“分析”按钮。

③ 等待一定时间后，Windows 7 分析完毕，将在 F 盘后面显示碎片的数量，如图 1 - 14 所示。

④ 单击“磁盘碎片整理”按钮，将重新进行碎片分析，然后开始整理碎片，如图 1 - 15 所示。

⑤ 若单击“配置计划”按钮，在弹出的对话框中，可以设置一个自动进行碎片整理的计划，如图 1 - 16 所示。

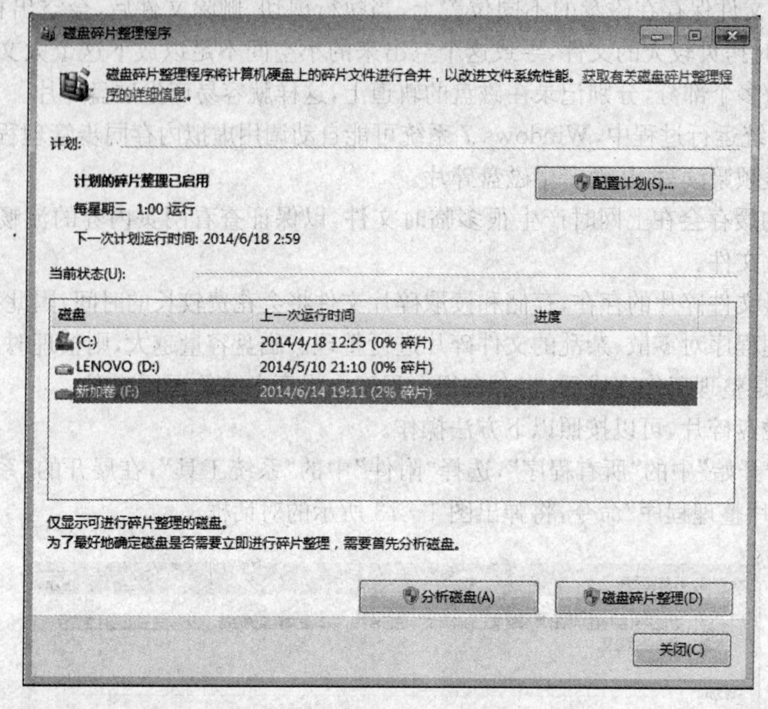

图 1-14 磁盘碎片清理结果

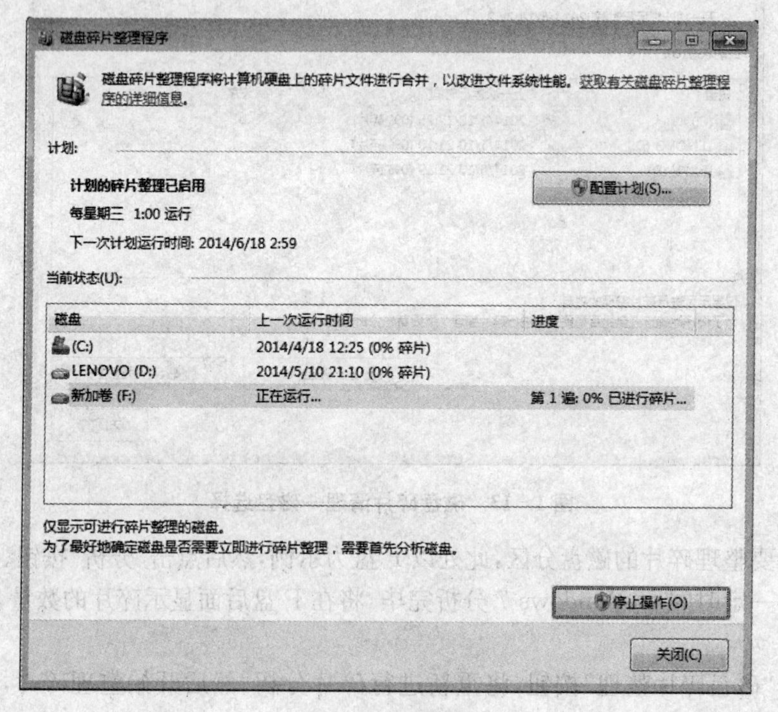

图 1-15 整理碎片

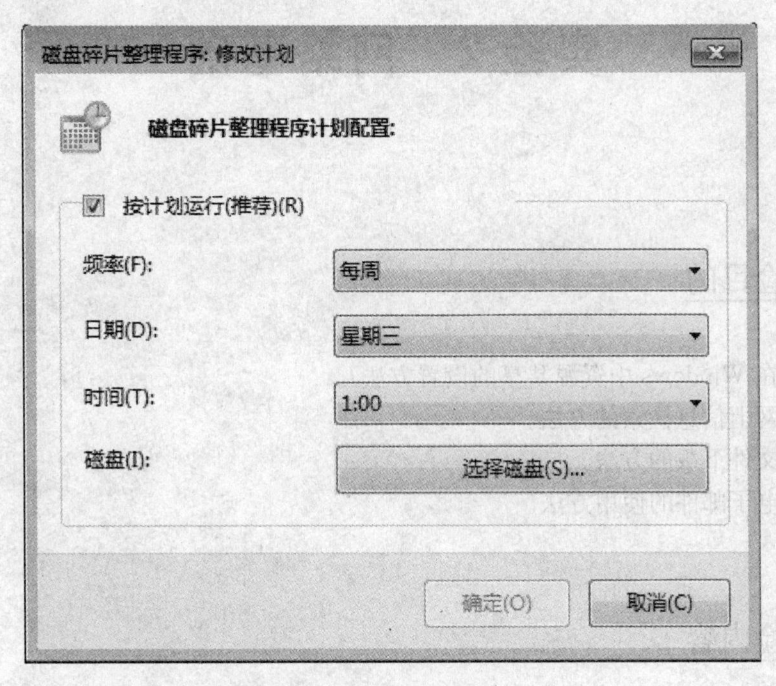

图1－16　碎片整理配置

10. 磁盘格式化

格式化就是把一张空白的盘划分成一个个区域并编号，供计算机存储、读取数据。未经过格式化的磁盘不能存储文件，必须将其进行格式化后才能使用。

例：将U盘进行格式化。

(1) 将要格式化的U盘插进主机USB口中。

(2) 在"资源管理器"窗口中用鼠标右键单击要进行格式化的U盘的盘符。

(3) 选择"格式化"命令，屏幕出现对话框，如图1－17所示。

(4) 点击"开始"会弹出格式化警告对话框，提示用户是否需要格式化，一旦格式化，会把盘符内所有数据完全清空。(可以给U盘定义名称，只要在对话框的卷标处输入所需名称即可)

(5) 单击"确定"后，开始进行格式化，随后出现格式化完毕对话框。点击"确定"，完成对U盘的格式化。

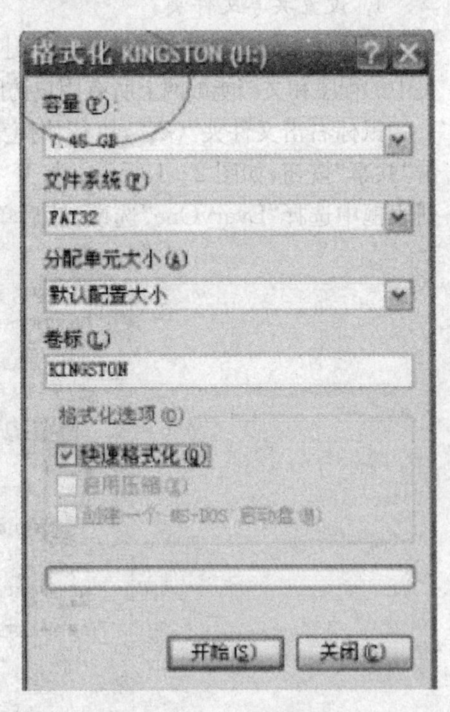

图1－17　磁盘格式化

实验 2　网络基础

实验目的

1. 掌握在 Windows 中资源共享的设置方法。
2. 掌握网上信息检索的方法。
3. 掌握文件下载的方法。
4. 掌握电子邮件的使用方法。

实验内容

实验 2－1　Windows 的网络功能

1. 设置共享文件夹

在所使用的计算机 D 盘根目录上建立一个名为“GX”的文件夹，设置该文件夹为共享，文件夹中的程序和文档能被网上所有用户访问，并设置允许其他用户增加、更改或删除其中的内容。

鼠标右击文件夹“GX”，执行快捷菜单中的“属性”命令，在属性窗内选择“共享”标签，单击“共享”按钮，如图 2－1 所示。打开“文件共享”对话框，在“选择要与其共享的用户”下拉列表框中选择“EveryOne”选项，然后单击“添加”按钮，如图 2－2 所示。

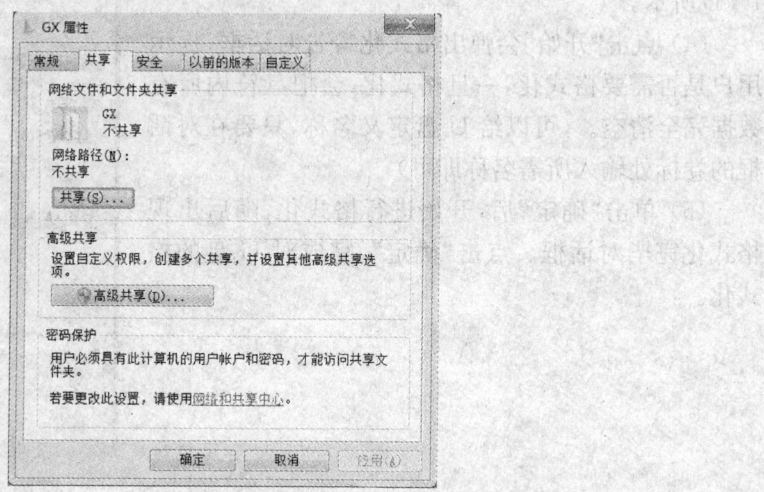

图 2－1　设置共享文件夹

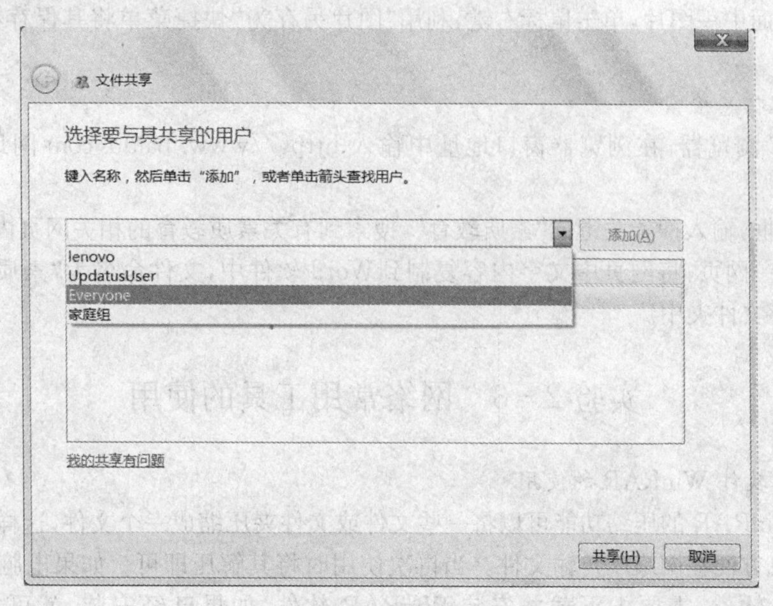

图 2-2　选择用户

2. 使用 ipconfig. exe 程序检查你所使用的计算机上安装的网卡的 IP 信息

单击“开始”菜单，在输入框输入“cmd”进入命令行方式，输入 ipconfig/all 可显示网卡的 IP 信息。如图 2-3 所示。

```
连接特定的 DNS 后缀 . . . . . . . :
描述. . . . . . . . . . . . . . . : Intel(R) Centrino(R) Wireless-N 2230
物理地址. . . . . . . . . . . . . : 60-36-DD-60-5F-18
DHCP 已启用 . . . . . . . . . . . : 是
自动配置已启用. . . . . . . . . . : 是
本地链接 IPv6 地址. . . . . . . . : fe80::61ef:208d:339b:af89%15(首选)
IPv4 地址 . . . . . . . . . . . . : 192.168.1.101(首选)
子网掩码 . . . . . . . . . . . . : 255.255.255.0
获得租约的时间 . . . . . . . . . : 2015年6月20日 19:09:37
租约过期的时间 . . . . . . . . . : 2015年6月20日 22:09:37
默认网关. . . . . . . . . . . . . : 192.168.1.1
DHCP 服务器 . . . . . . . . . . . : 192.168.1.1
DHCPv6 IAID . . . . . . . . . . . : 375404253
DHCPv6 客户端 DUID . . . . . . . : 00-01-00-01-18-42-A7-81-3C-97-0E-4D-2B-7F

DNS 服务器 . . . . . . . . . . . : 221.131.143.69
                                    112.4.0.55
TCPIP 上的 NetBIOS . . . . . . . : 已启用
```

图 2-3　网卡的信息

实验 2-2　Internet 信息浏览

1. 网上信息浏览和保存

启动 IE 浏览器，在浏览器窗口地址中输入 http://www. edu. cn 网址，打开网站主页。单击主页中“考研”链接，进入该内容的主页面，找一感兴趣的标题，打开相关页面。利用“文件”—“另存为”菜单将该页面保存在“GX”文件夹中。

选择页面中一图片，单击鼠标右键，利用“图片另存为“快捷菜单将其保存在“GX”文件夹中。

2. 网上信息检索

启动 IE 浏览器，在浏览器窗口地址中输入 http://www.baidu.com 网址，打开站点主页。

在文本框，输入搜索关键词“素质教育”，搜索到有关素质教育的相关网页内容。

打开某一网页，将网页中文字内容复制到Word 软件中，文件命名为“素质教育.doc”，保存在“GX”文件夹中。

实验 2-3　网络常用工具的使用

1. 压缩软件 WinRAR 的使用

利用 WinRAR 的压缩功能可以将一些文件或文件夹压缩成一个文件，这样不仅节省了磁盘空间，也方便在网络中传输文件。当再次使用时将其解压即可。如果电脑中还没有安装 WinRAR 软件，需要先下载并安装 WinRAR 软件，如果已经安装，就可以直接使用 WinRAR 软件进行压缩或解压了。

(1) 下载 WinRAR 软件。

启动 IE 浏览器，在浏览器窗口地址栏输入 http://www.onlinedown.net/网址，打开华军软件园主页，如图 2-4 所示。

图 2-4　华军软件园主页

在“搜索”文本框输入“WinRAR”，搜索出如图 2-5 所示相关链接。

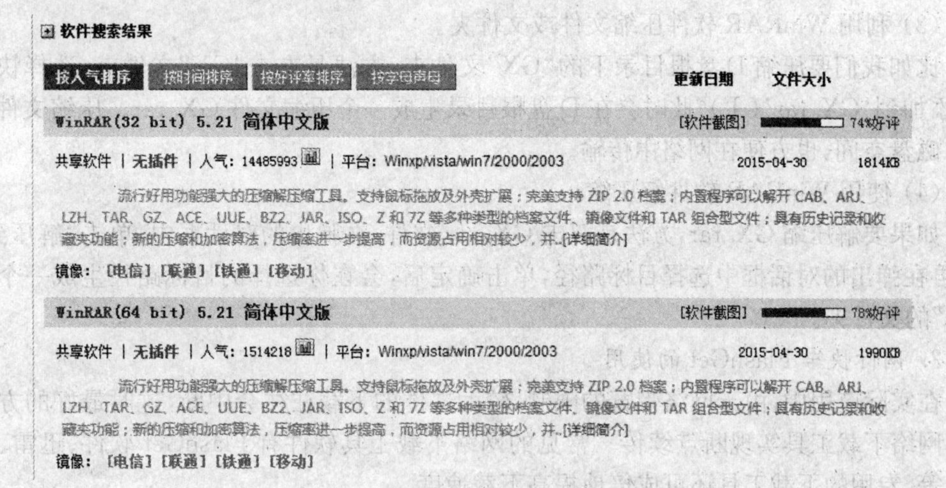

图 2－5　搜索结果

单击首条“WinRAR”链接，出现如图 2－6 所示的下载页面，按提示将文件下载到指定目录中。

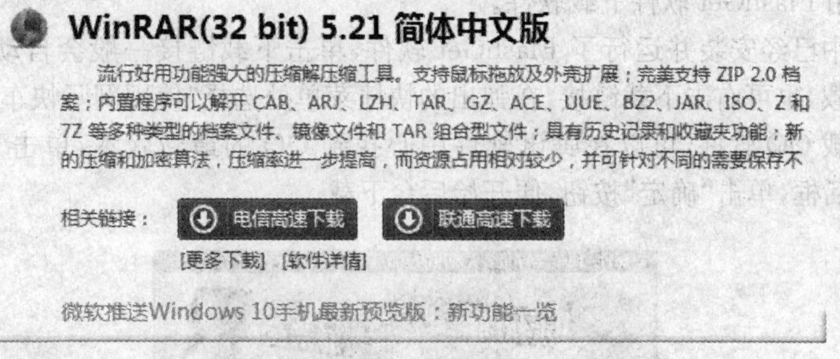

图 2－6　下载页面

(2) 安装 WinRAR 软件。

双击下载好的文件 WinRAR. exe，按提示步骤进行安装操作，如图 2－7 所示。

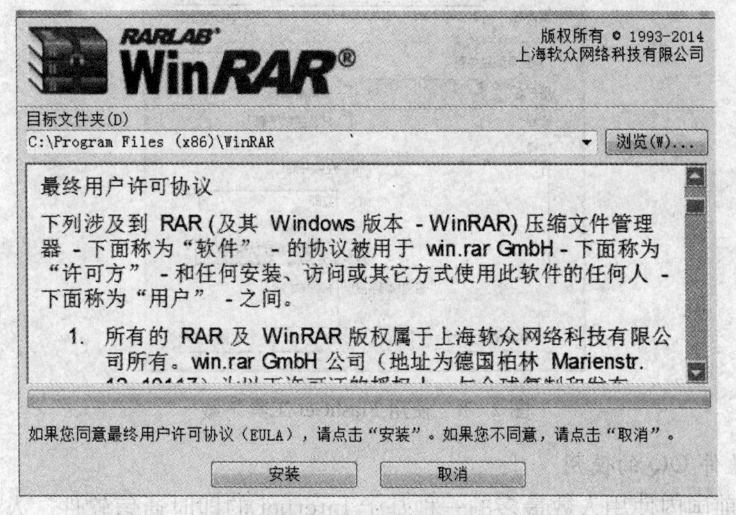

图 2－7　安装界面

(3) 利用 WinRAR 软件压缩文件或文件夹。

比如我们要压缩D盘根目录下的“GX”文件夹,方法是右击“GX”文件夹,选择快捷菜单“添加到‘GX. rar’(Ⅰ)”此时会在D盘根目录生成一个压缩文件 GX. rar。压缩文件可以节省磁盘空间,也方便在网络中传输。

(4) 使用 WinRAR 软件解压缩。

如果要解压缩 GX. rar,方法是双击 GX. rar 文件,在弹出的对话框中,单击“解压到”图标,再在弹出的对话框中选择目标路径,单击确定后,会在你选择的目标路径生成一个名为“GX”的文件夹。

2. 网际快车 FlashGet 的使用

在实际应用中,由于网络带宽的限制,较大文件的下载往往会中断,这时最好的方法是采用网络下载工具实现断点续传。常见的网络下载工具软件有 FlashGet 软件、迅雷、超级旋风等,专用的下载工具还可成倍地提高下载速度。

(1) 下载并安装 FlashGet 软件。

下载 FlashGet 软件,操作步骤类似于 WinRAR 软件的下载。双击下载的 FlashGet. zip 文件先进行解压缩,再双击解压缩后的 FlashGet. exe 文件按提示步骤进行安装操作。

(2) 利用 FlashGet 软件下载软件。

若电脑中已经安装并运行了 FlashGet 软件,单击下载链接一般会自动利用 FlashGet 软件进行下载,也可右击下载链接,在弹出的快捷菜单处选择“使用网际快车下载”功能。例如我们要下载 QQ 软件,可以在腾讯软件中心找到 QQ 的最新版本,单击下载,出现如图 2-8所示对话框,单击“确定”按钮,便开始后台下载。

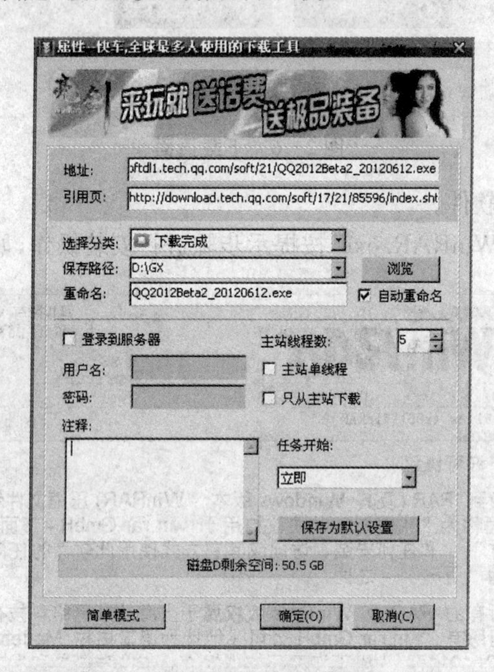

图 2-8 使用 FlashGet 工具下载

3. 聊天软件 QQ 的使用

QQ是目前国内使用人数最多的一种基于 Internet 的即时通信软件。人们通过 QQ 可以很方便地在网上找到自己在线的网友，也可以添加新的网友，能够在线聊天。使用 QQ 聊天的操作步骤如下：

(1) 下载并安装 QQ 软件。

双击上节下载的 QQ 软件，按提示操作步骤安装即可。用户启动 QQ 后，会出现如图 2－9对话框，如果已经有 QQ 号码，直接输入 QQ 号码和密码登录即可。如果还没有 QQ 号码，需要先注册一个 QQ 号码。

图 2－9　QQ 软件启动对话框

注册步骤如下：

① 在对话框中单击“注册账号”按钮，进入“申请 QQ 账号”窗口。

② 单击“立即申请”按钮后，打开“申请免费 QQ 账号”页面。

③ 在页面中选择“QQ 号码”选项(或“Email 账号”)，打开“申请 QQ 账号”页面。

④ 在弹出的填写基本信息页面中，需要填入 QQ 账号的昵称、密码以及其他一些个人信息。

⑤ 完成基本信息的填写后，单击“确定”按钮，此时返回申请成功的页面，显示你申请到的 QQ 账号。

在以上过程中账号和密码需要记录下来，用于后面的登录。

(2) 登录 QQ。

运行 QQ，输入用户申请到的一个 QQ 账号和密码后，就可以登录 QQ 界面。

(3) 查找和添加好友。

用户有了自己的 QQ 号码之后，需要添加网友才能开始聊天。在 QQ 界面中有“我的好友”、“陌生人”和“黑名单”等基本选项卡，每个选项卡对应一个用户列表，称为组。

在 QQ 界面中单击“查找”按钮，打开“查找/添加好友”对话框。

输入好友的账号，然后单击查找按钮，出现一个查询结果对话框。

单击“添加好友”按钮，就进入一个要求验证身份的对话框，在该对话框中，用户输入相应的内容，当通过网友的验证后，就将该网友添加到自己的好友中，并可在备注框中添加对好友的昵称后，单击“完成”按钮。

当完成加入好友操作后，用户就可以在QQ界面中看到新添加的网友图像已经出现在“我的好友”列表中了。

(4) 和好友聊天。

添加到好友列表的好友可能在线也可能不在线，如果好友的头像是彩色的，则表明好友在线，可以和他们聊天；如果好友的头像是灰色的，也可以发送离线消息给好友，等好友上线以后再回复。无论好友是否在线，发送信息的方式都是一样的，具体操作如下：

① 在QQ列表中双击好友的头像图标，打开聊天模式窗口，如图2-10所示。

② 将要说的话输入下方的文本框中。

③ 单击发送按钮，或者按下＜Ctrl＞＋＜Enter＞快捷键，消息就发送出去了。

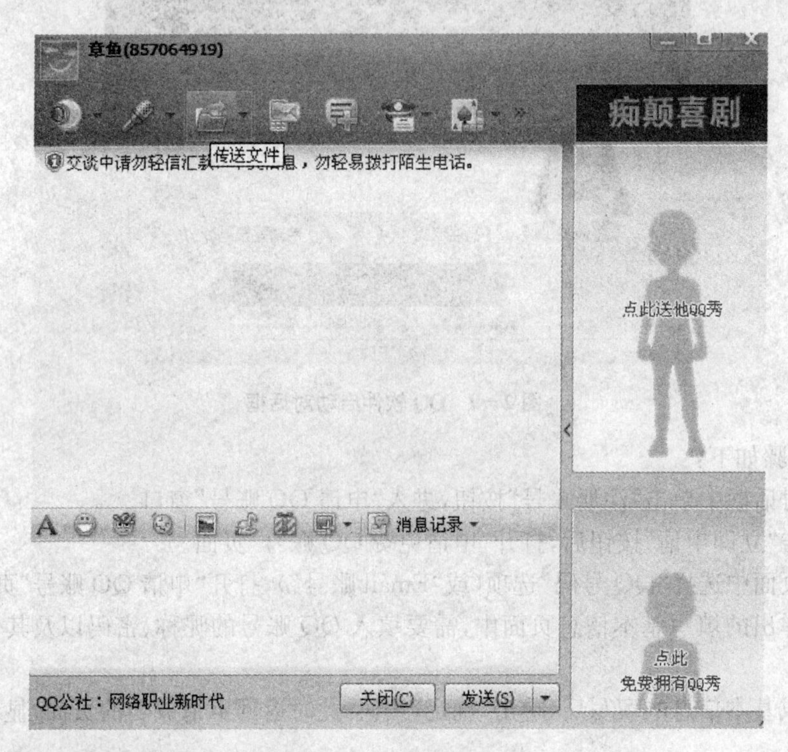

图2-10 QQ聊天窗口

(5) 给好友发送文件。

在如图2-10所示与好友的聊天模式窗口，单击“传送文件”按钮，会打开“打开窗口”，在“打开窗口”选择要传送给好友的文件，然后等待好友接收，好友点击“接收”后，文件就可以开始传送了。

(6) QQ的其他功能。

在如图2-10所示与好友的聊天模式窗口：

单击“开始视频会话”按钮，可以与好友进行视频会话，这需要安装摄像头等视频设备。

单击“开始语音会话”按钮，可以与好友进行语音会话，这需要安装音频设备，发送语音可用麦克风，接收语音可以用耳机或音箱设备。

单击“应用”—“使用远程协助”，可以邀请好友连接上你的计算机进行协助。

除此之外,QQ 还有很多其他的功能,有兴趣的同学可以试试。

实验 2-4 电子邮件

1. 申请免费邮箱

电子邮件是因特网上最广泛使用的一种服务,有些网站如雅虎、新浪、网易等网站都为人们提供了免费的电子邮箱服务。现以 126 网易的免费邮箱登录申请为例,介绍申请方法和操作步骤。

启动 IE 浏览器,在浏览器窗口地址中输入 http://www.126.com 网址,打开网页如图 2-11 所示。如果已经拥有电子邮箱账号,可以直接登录。

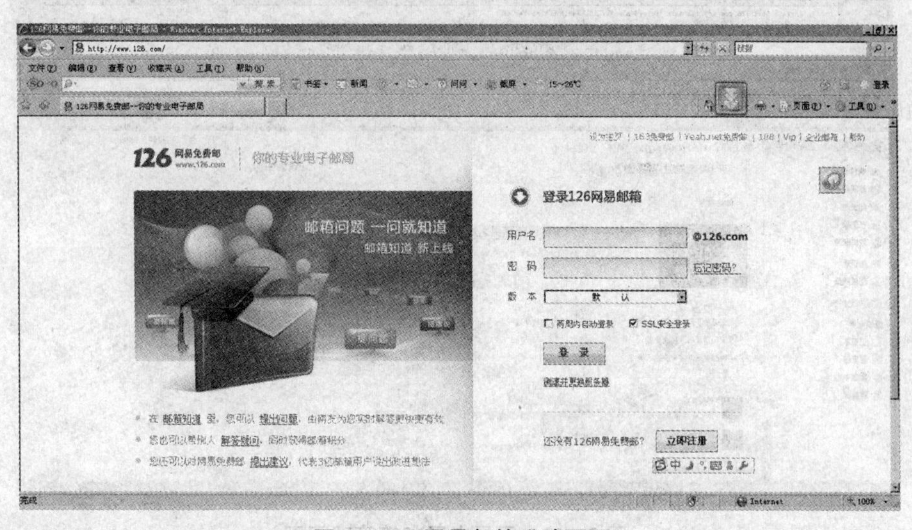

图 2-11 网易邮箱登陆页面

如果没有此免费电子邮箱账号,需要点“立即注册”按钮,进入如图 2-12 所示的注册新用户页面,在此页面填写相关的注册信息,其中带 * 号的项为必填项,用户填写了用户名后,最好单击旁边的“检测”按钮,看你所填写的用户名当前是否可用,如果该用户名已被其他用户使用,你就另换一个用户名,信息填好以后,单击“创建账号”,此时返回注册成功的页面。

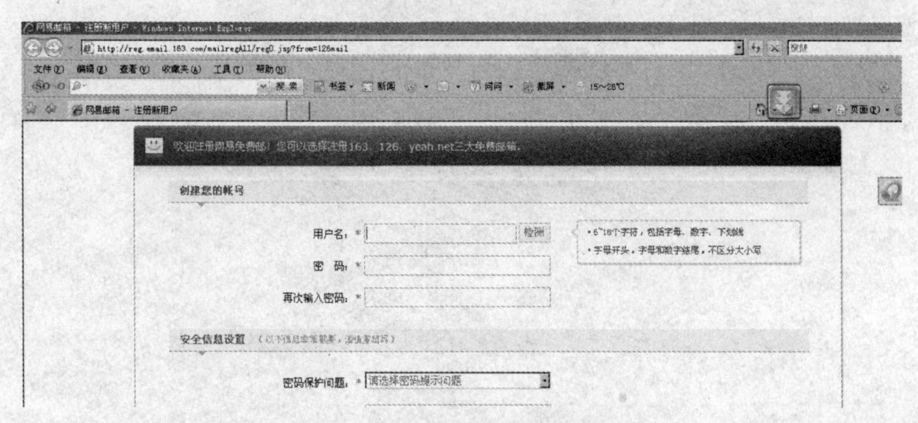

图 2-12 网易邮箱注册页面

【注意】在以上操作中需要将邮箱账号和密码记录下来,以便以后登录邮箱使用。

2. 利用免费邮箱在线收发电子邮件

用户登录邮箱以后,就进入了网易电子邮箱管理页面,如图2-13所示。

若要发送邮件,单击“写信”,在“收件人”框中输入收件人的邮件地址,在“主题”框中输入邮件的标题,在正文框中输入邮件的内容。若要给对方发送文件,可单击“添加附件”,在出现的对话框中选择要发送给对方的文件(为方便网络传输,最好先将文件或文件夹压缩成压缩文件)。最后单击“发送”按钮,即可将发件箱中的邮件发送出去。

若要接受邮件,单击“收信”,选择信件主题,即可查看信件的内容,若信件带有附件,可单击“下载”,将附件文件下载到本地硬盘,如果是压缩文件,需要先解压,才可打开。

图2-13　网易电子邮箱管理页面

实验3　文字处理

实验目的

1. 掌握 word 文档的建立、保存与打开。
2. 掌握文档的基本编辑，如插入、删除、复制、移动、查找和替换等。
3. 掌握字符的格式化、段落的格式化。
4. 掌握首字下沉、分栏、边框和底纹的操作。
5. 掌握插入图片、图片编辑和格式化。
6. 掌握艺术字、自选图形、文本框的使用。
7. 掌握图文混排、页面排版。

实验内容

实验 3－1

调入文件夹“实验 3－1”中的 ED1. RTF 文件，参考样张，如图 3－1 所示。按下列要求进行操作。

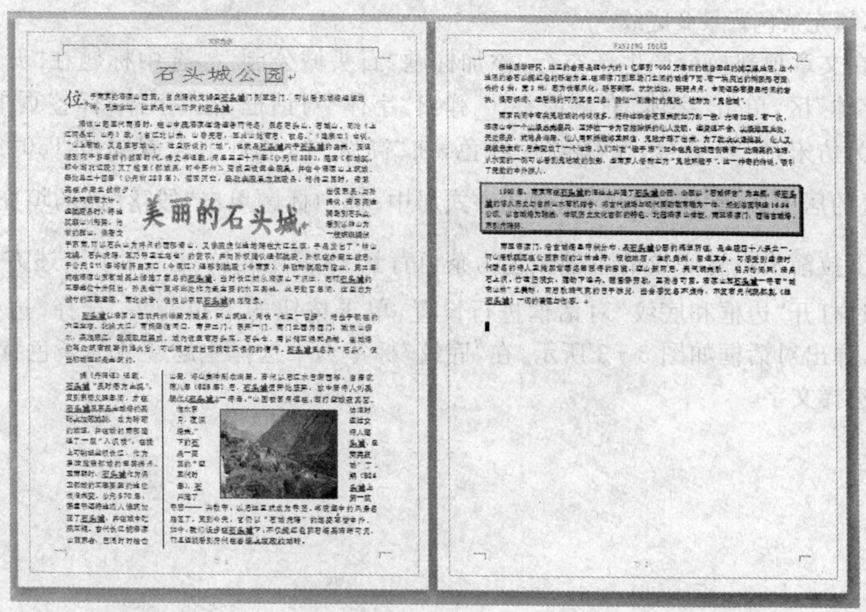

石头城公园

美丽的石头城

图 3－1　样张 1

(1) 将页面设置为:A4纸,上、下、左、右页边距均为2.5厘米,每页45行,每行42个字符。

选择"页面布局"选项卡中的"页面设置"区,单击页面设置右侧的按钮显示,如图3-2所示对话框。在"页边距"标签页中,设置页边距均为2.5厘米;在"纸型"标签页中,选择A4;在"文档网格"标签页中,选定"指定行网格和字符网格",每页45行,每行42个字符。

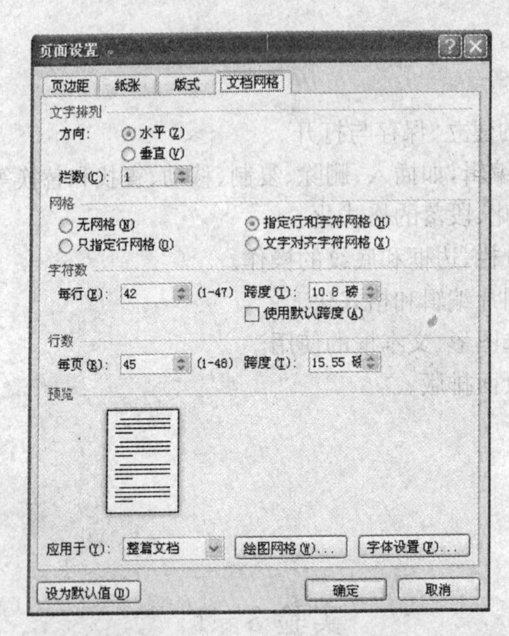

图3-2 "页面设置"对话

(2) 文章加标题"石头城公园",设置其字体格式为仿宋、一号字、红色、居中、150%字符缩放,填充茶色背景2底纹。

在文章顶部换行产生新空行,添加标题"石头城公园"。选中标题在"开始"选项卡的"字体"区,单击"字体"右侧箭头弹出"字体"对话框,在"字体"标签页中设置中文字体为仿宋,字号一号,字体颜色红色,在"高级"标签页中设置缩放150%;选择"段落"区的居中按钮设置标题对齐方式居中;选中标题单击"段落"区的填充按钮打开下拉箭头设置底纹的主题颜色为茶色背景2;填充底纹除了上述方法外,还可以通过打开"边框和底纹"对话框进行设置,单击按钮的下拉箭头,选择"边框和底纹"选项,弹出对话框如图3-3所示,在"底纹"标签页中选择主题颜色为茶色背景2,应用范围选择文字。

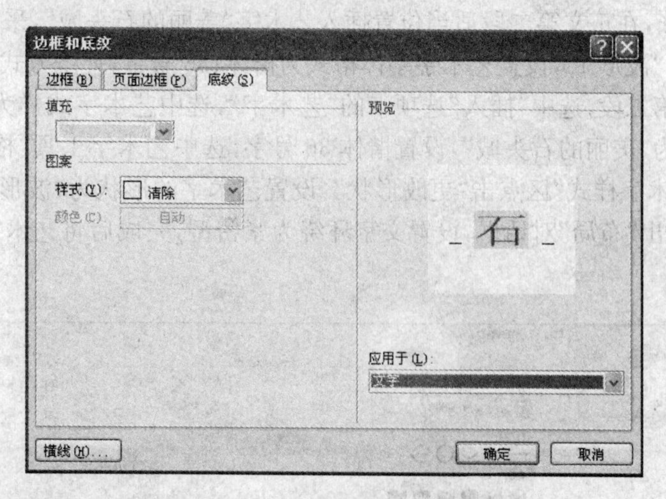

图3-3　"边框和底纹"对话框

(3) 设置正文第一段首字下沉2行、距正文0.2厘米，首字字体为楷体、红色，其余段落首行缩进2字符、段前段后间距0.5行。

光标定位于第一段，在"插入"选项卡的"文本"区，单击"首字下沉"，打开其下方下拉箭头选择"下沉"，再选择"首字下沉选项"设置字体楷体，下沉行数2行，距正文距离0.2厘米，选中"位"字在弹出的快捷菜单中设置字体颜色为红色。选中其余段落，单击"段落"右侧箭头按钮，弹出"段落"对话框如图3-4所示，在"缩进和间距"标签页中选择特殊格式为"首行缩进"，输入磅值为2字符，段前段后距均为0.5行。

段落
缩进和间距(I)　换行和分页(P)　中文版式(H)
常规
对齐方式(G): 左对齐
大纲级别(O): 正文文本
缩进
左侧(L): 0 字符　特殊格式(S): 首行缩进　磅值(Y): 2 字符
右侧(R): 0 字符
对称缩进(M)
如果定义了文档网格，则自动调整右缩进(D)
间距
段前(B): 0.5 行　行距(N): 单倍行距　设置值(A):
段后(F): 0.5 行
在相同样式的段落间不添加空格(C)
如果定义了文档网格，则对齐到网格(W)
预览
制表位(T)...　设为默认值(D)　确定　取消

图3-4　"段落"对话框

(4) 参考样张,在正文第二段适当位置插入艺术字"美丽的石头城",采用第三行第四列式样,文本效果为"波形1",设置艺术字字体格式为楷体、36号字,环绕方式为紧密型。

光标定位于第二段,选中"插入"选项卡的"艺术字",选中艺术字式样为第三行第四列,输入艺术字内容为"美丽的石头城",设置楷体36号字,选中艺术字工具"格式"选项卡如图3-5所示,在"艺术字样式"区点击"更改形状",设置艺术字的形状为"波形1";单击"大小"右侧箭头按钮,弹出"布局"对话框,设置文字环绕为紧密型,完成后将艺术字拖至第二段合适位置。

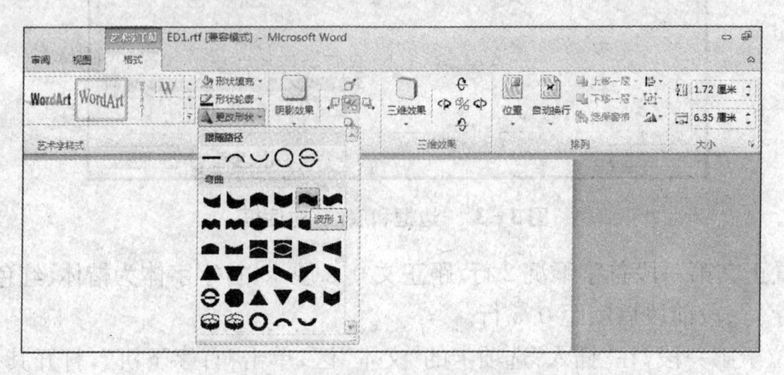

图3-5　艺术字工具"格式"选项卡

(5) 参考样张,在正文第四段适当位置以四周型环绕方式插入图片"石头城.jpg",并设置图片高度、宽度大小缩放120%,加1.5磅红色边框。

光标定位于第四段偏右位置,选中"插入"选项卡"插图"区"图片",在弹出的"插入图片"对话框中选择查找范围为实验3-1目录,将图片"石头城.jpg"插入第四段;选中图片单击图片工具"格式"选项卡,单击"大小"右侧箭头弹出"布局"对话框显示如图3-6所示,在"大小"标签页中设置缩放高度、宽度为120%,在"文字环绕"标签页中设置环绕方式四周型;在"图片工具格式"选项卡"图片样式"区设置图片边框粗细为1.5磅,颜色为红色。

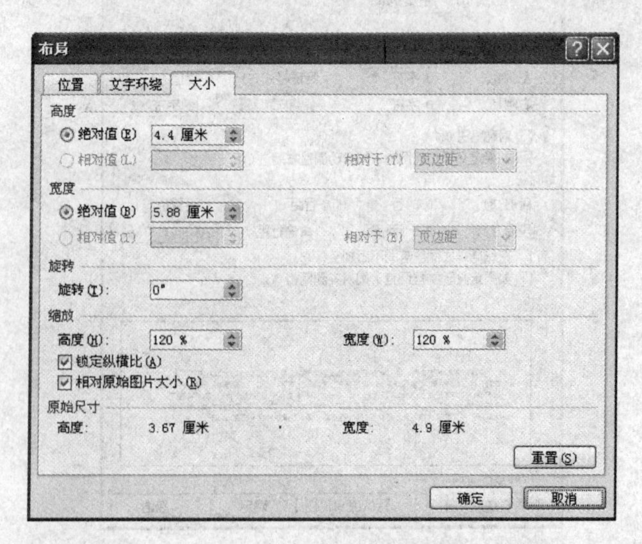

图3-6　"布局"对话框

(6) 设置首页页眉为“南京旅游”，其他页页眉为“NANJING TOURS”，字体格式均为楷体、五号、居中显示，在页脚处插入奥斯汀型页脚，居中显示。

选中“插入”选项卡中的“页眉和页脚”，单击“页眉”，在弹出的“内置”选项框中选择空白样式，并在页眉处键入文字“南京旅游”；在页眉处于编辑状态下，会出现页眉页脚工具“设计”选项卡，在该选项卡中选中“首页不同”；第二页页眉处输入“NANJING TOURS”，这样首页页眉将区别于其他页面；选中两页中的页眉文字设置为楷体、五号、居中(字体格式可通过选中文字后弹出快捷菜单进行设置)；选择页眉和页脚工具“设计”选项卡“转至页脚”切换至页脚处，单击“页脚”，选择内置奥斯汀样式页脚并居中，首页和第二页页脚均需设置为奥斯汀样式，如图 3-7 所示，完成后单击“关闭页眉和页脚”。

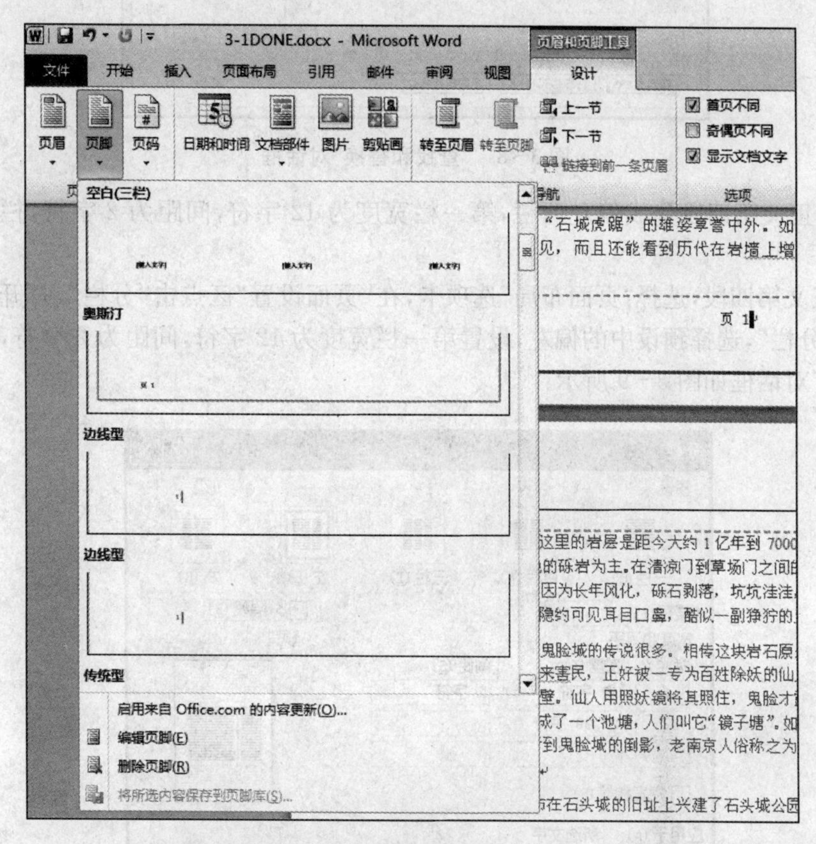

图 3-7　页眉页脚工具“设计”选项卡

(7) 将正文中所有的“石头城”设置为红色、加粗、双下划线格式。

选中正文，选择“开始”选项卡中的“替换”，显示如图 3-8 所示对话框，输入查找和替换内容均为“石头城”；点击“更多”后对话框展开，单击“格式”按钮，将光标定位于替换内容处，打开格式设置字体等格式为红色、加粗、双下划线格式(设置完成后替换内容下方出现所添加格式说明，如格式添加错误，可点“不限定格式”去除)，点击全部替换，替换完成后出现对话框询问“是否搜索文档其余部分”，选“否”。

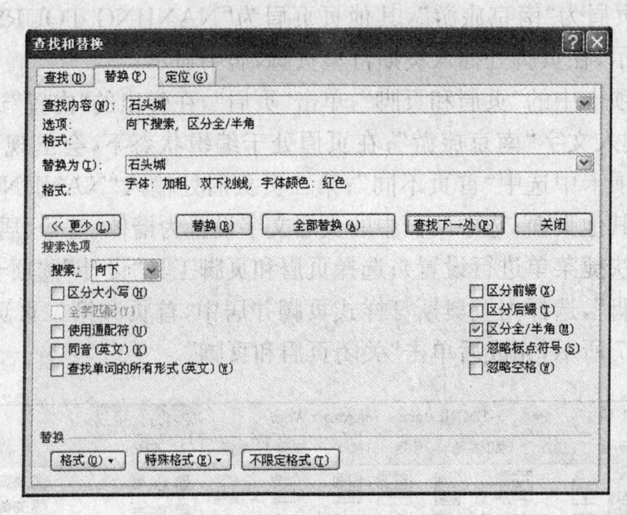

图3-8　“查找和替换”对话框

(8) 将正文第四段分成偏左两栏,第一栏宽度为12字符,间距为2字符,栏间添加分隔线。

选中正文第四段,选择“页面布局”选项卡,在“页面设置”区点击“分栏”,打开下拉箭头选择“更多分栏”,选择预设中的偏左,设置第一栏宽度为12字符,间距为2字符,勾上分隔线。“分栏”对话框如图3-9所示:

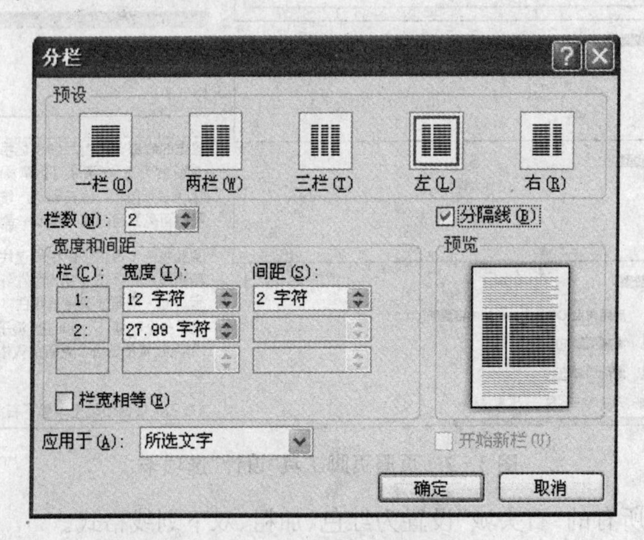

图3-9　“分栏”对话框

(9) 给正文倒数第二段加上3磅带阴影的绿色边框,底纹图案为10%灰色。

选中正文倒数第二段,选择“开始”选项卡中的▦按钮,选择下拉列表中“边框和底纹”,在“边框和底纹”对话框的“边框”标签页选中阴影,颜色为绿色,宽度为3磅,应用范围为段落;在“底纹”标签页中设置图案样式为10%灰色、应用范围为段落。

(10) 将编辑好的文章以文件名:ED1.RTF,文件类型:RTF格式(*.RTF),存放于文件夹“实验3-1”中。

单击“文件”菜单中的“保存”，在原文件上保存即可。

实验 3－2

调入文件夹“实验 3－2”中的 ED2.RTF 文件，参考样张如图 3－10 所示，按下列要求进行操作。

图 3－10　样张 2

（1）将页面设置为自定义大小，宽度 20 厘米，高度 28 厘米，上、下、左、右页边距均为 3 厘米，每页 40 行，每行 38 个字符。

选择“页面布局”选项卡中的“页面设置”区，单击“纸张大小”，选择“其他页面大小”，在“纸张”标签页中设置纸张大小为自定义大小，宽度 20 厘米，高度 28 厘米；在“页边距”标签页中，设置上、下、左、右页边距均为 3 厘米；在“文档网格”标签页中，选定“指定行网格和字符网格”，每页 40 行，每行 38 个字符。

（2）参考样张，添加文章标题“麦田怪圈”，字体格式为隶书 40 号、居中、绿色；设置标题底纹填充橄榄色，强调文字 3，淡色 80%，图案样式 10%。

换行产生新段落添加标题“麦田怪圈”，在“开始”选项卡中设置字体格式为隶书、40 号标准色绿色，设置段落对齐方式居中；选中标题文字，打开“边框和底纹”对话框，设置底纹填充橄榄色，强调文字 3，淡色 80%，图案样式 10%。

（3）参考样张，在标题下方插入一条 3 磅红色方点横线。

“插入”选项卡选择“形状”，选择其中“线条”类“直线”，在适当位置拖出一根直线，右击直线选择“设置自选图形格式”菜单，在“颜色与线条”设置线条颜色红色，虚实方点，粗细 3 磅。

(4) 设置正文第三段首字下沉3行、距正文0.2厘米，首字字体为楷体、绿色，其余各段设置为首行缩进2字符。

光标定位于第三段，选择"插入"选项卡"首字下沉"，打开下拉箭头选择"下沉"，并选择"首字下沉选项"设置字体为楷体，下沉行数2行，距正文距离0.2厘米；双击选中"位"字在"弹出的快捷菜单设置字体颜色绿色。选中其余段落(可使用CTRL键选择不连续的多个段落)，打开"段落"对话框，在"缩进和间距"标签页中选择特殊格式为"首行缩进"，输入磅值为2字符。

(5) 将正文所有的"麦田"设置为绿色、加着重号。

选中正文选择"开始"选项卡中的"替换"，输入查找和替换内容均为"麦田"；点击"查找和替换"对话框中的"更多"，将光标定位于替换内容处，在弹出对话框中单击"格式"按钮，打开格式设置字体等格式为绿色、加着重号，点击全部替换，替换完成后出现对话框询问"是否搜索文档其余部分"，选"否"。

(6) 参考样张，在正文第四段适当位置插入图片"麦田怪圈.Jpg"，将图片大小设置为高度、宽度均为2.5厘米，环绕方式紧密型，图片样式为简单框架白色。

在第四段中间插入图片"麦田怪圈.Jpg"，选中图片，在图片工具"格式"选项卡单击"大小"右侧箭头，弹出"布局"对话框，在"大小"标签页中输入图片绝对值高度、宽度均为2.5厘米(需先将锁定纵横比的勾去除再设置图片绝对值大小)，选择环绕方式紧密型；在同样选项卡中，选择图片样式为预设的第一种样式"简单框架白色"，图片样式设置如图3-11所示。

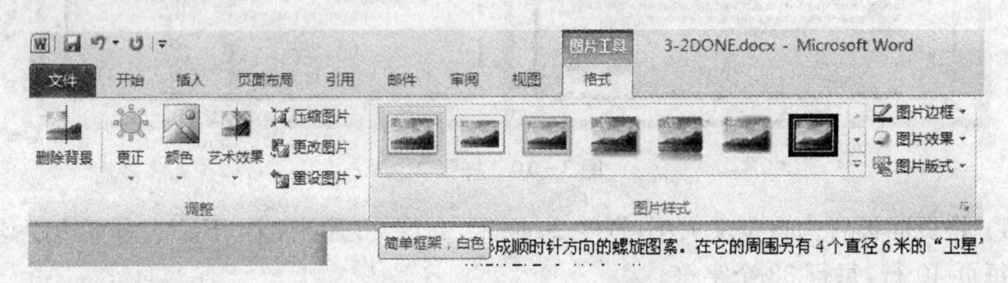

图3-11　图片工具"格式"选项卡

(7) 参考样张，在文档第五段右上部适当位置插入一个边线型引述文本框，输入文本"麦田怪圈"，设置格式为幼圆、四号，设置文本框工具格式：形状填充黄色，线性向左渐变形状填充。

光标定位于文档第五段右上部，选中"插入"选项卡中的"文本框"，选择边线型引述文本框，框内输入文字"麦田怪圈"，设置为幼圆、四号并拖至合适位置；选中文本框单击文本框工具"格式"选项卡，单击"形状填充"，设置填充颜色为黄色，渐变为浅色变体线性向左。

(8) 给正文最后五段添加项目符号，项目符号为五角星。

选中最后五段，在"开始"选项卡的"段落"区选择"项目符号"，在弹出的下拉列表中选择"定义新项目符号"，选择"五角星"符号，项目符号下拉列表如图3-12所示。

(9) 设置页面边框为1.5磅带阴影的紫色双线边框。

调出"边框和底纹"对话框，在"页面边框"标签页中设置边框阴影，宽度1.5磅，颜色紫色，线型双线。

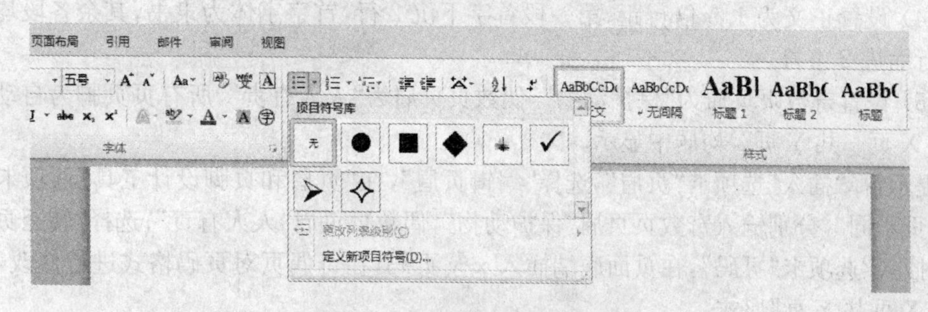

图 3-12　“项目符号”下拉列表

(10)将编辑好的文章以文件名:ED2. RTF,文件类型:RTF 格式(*. RTF),存放于文件夹“实验 3-2”中。

实验 3-3

调入文件夹“实验 3-3”中的 ED3. RTF 文件,参考样张如图 3-13 所示,按下列要求进行操作。

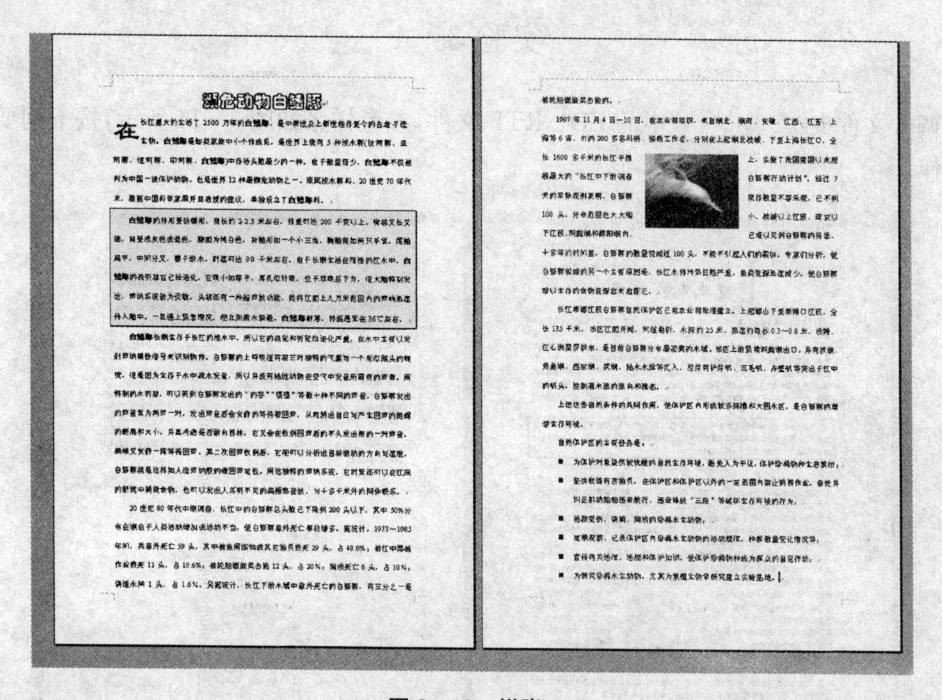

图 3-13　样张 3

(1) 将页面设置为:16 开纸,上、下、左、右页边距均为 2.5 厘米,每页 40 行,每行 39 个字符。

(2) 给文章加标题“濒危动物白鳍豚”,居中显示,设置其格式为华文彩云、粗体、小一号字。

(3) 参考样张,给正文第二段加蓝色 1.5 磅阴影边框,填充黄色底纹。

提示:边框与底纹应用于段落,不是应用于文字。

(4) 设置正文为1.5倍行距,第一段首字下沉2行,首字字体为隶书,其余各段均设置为首行缩进2字符。

(5) 设置奇数页页眉为“保护动物”,偶数页页眉为“人人有责”,所有页页脚为自动图文集“第X页　共Y页”,均居中显示。

提示:择“插入”选项卡“页眉”,选择“编辑页眉”,在“页眉和页脚设计工具”选项卡勾选“奇偶页不同”,分别输入奇数页页眉“保护动物”,偶数页页眉“人人有责”;选择“转至页脚”,单击“插入”选项卡“页码”,在页面底端插入x/y页码,在奇偶页对页码格式进行修改,修改成“第X页共Y页”形式。

(6) 参考样张,在正文第五段适当位置插入图片白鳍豚.jpg,设置图片高度、宽度缩放比例均为70%,环绕方式为四周型,并为图片建立超链接,指向文档顶端。

提示:在图片上右击弹出菜单中选择“超链接”,链接到本文档中的位置为文档顶端。

(7) 参考样张,将正文中所有“白鳍豚”设置为黑体、加粗、蓝色。

(8) 参考样张,将正文最后六段加上黑色方块的项目符号。

(9) 将编辑好的文章以文件名:ED3.RTF,文件类型:RTF格式(*.RTF),存放于文件夹“实验3-3”中。

实验3-4

调入文件夹“实验3-4”中的ED4.RTF文件,参考样张如图3-14所示,按下列要求进行操作。

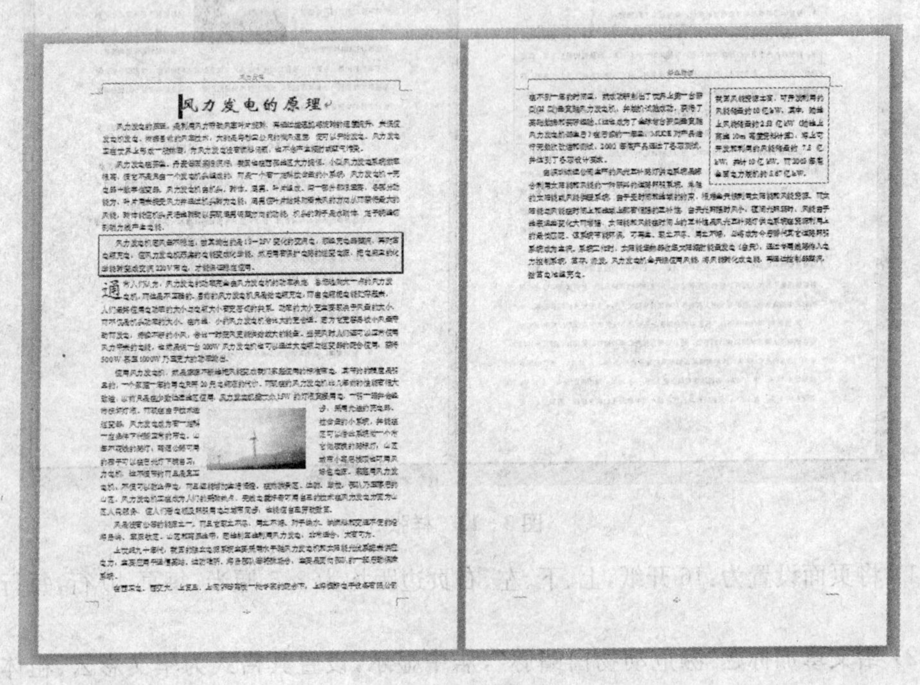
风力发电的原理

图3-14　样张4

(1) 将页面设置为:A4纸,上、下页边距为2.5厘米,左、右页边距为3厘米,每页40

行，每行 42 个字符。

(2) 给文章加标题“风力发电的原理”，并将标题设置为华文新魏、一号字、居中对齐，字符间距缩放 120%。

(3) 设置奇数页页眉为“风力发电”，偶数页页眉为“绿色能源”，所有页的页脚为“一页码一”，页眉页脚均居中显示。

提示：选择“插入”选项卡“页眉”，选择“编辑页眉”，在“页眉和页脚设计工具”选项卡勾选“奇偶页不同”，分别输入奇数页页眉“风力发电”，偶数页页眉“绿色能源”；选择“转至页脚”，单击“插入”选项卡“页码”，在页面底端插入普通数字 2，在奇偶页的页码数字前后分别添加一，修改成“一页码一”形式。

(4) 设置正文第四段首字下沉 2 行，首字字体为楷体，其余各段设置为首行缩进 2 字符。

(5) 参考样张，在第五段适当位置插入图片 fengli.jpg，图片大小设置为高度 3 厘米、宽度 5 厘米，环绕方式为四周型。

(6) 给正文第三段加红色 1.5 磅带阴影边框，底纹为 5%灰色图案样式。

(7) 参考样张，在第二页右上角插入文本框，将 file.txt 文件中的内容添加到该文本框中，设置其字体为华文新魏，设置文本框边框为绿色 2 磅方点，环绕方式为四周型，并适当调整其大小。

提示：光标定位第二页右上角，单击“插入”选项卡“文本框”，选择“简单文本框”插入；打开实验 3-4 目录 file.txt 文本，将文本全选后复制，切换至 WORD 文档将文本粘贴到文本框；选中文本框(点击四周边框选中)，在文本框工具“格式”选项卡中单击“位置”，选择“顶端居右，四周型环绕方式”，单击“形状轮廓”设置边框颜色绿色、虚实方点、粗细 2 磅。

(8) 将编辑好的文章以文件名：ED4.RTF，文件类型：RTF 格式(*.RTF)，存放于文件夹“实验 3-4”中。

实验 4　电子表格

实验目的

1. 掌握 Excel 文档的建立、保存与打开。
2. 掌握单元格的基本编辑，如插入、删除、复制、移动、查找和替换等。
3. 掌握字符的格式化、单元格的格式化。
4. 掌握单元格边框和底纹的操作。
5. 掌握插入图表、图表编辑和格式化。
6. 掌握数据导入、统计、排序、分类汇总的操作。
7. 掌握图表与 Word 文本的图文混排。

实验内容

实验 4－1

调入文件夹“实验 4－1”中的“中药采购信息. xlsx”、“新增中药. htm”文件中的数据，制作如图 4－1 样张所示的 Excel 图表。

(1) 将“新增中药. htm”中的数据转换到“中药采购信息. xlsx”的 Sheet1 工作表中，要求数据自 A29 单元格开始存放。

双击打开文件“新增中药. htm”，选择数据单击右键在弹出的快捷菜单中选择复制，双击打开“中药采购信息. xlsx”，选择 Sheet1 工作表中 A29 单元格，单击鼠标右键，在弹出的快捷菜单选择“粘贴选项”中的“匹配目标格式”按钮。

(2) 在 Sheet1 工作表的 A1 单元格中输入标题“中药采购计划表”，设置其字体格式为楷体、20 号、红色，在 A1 到 F1 范围跨列居中。

选择 A1 单元格输入“中药采购计划表”，选择单元格文字，单击“开始”菜单，设置字体：楷体、20 号、红色，选择单元格 A1 到 F1，单击“开始”菜单中的“对齐方式”右边的“设置单元格对齐方式按钮”如图 4－2 箭头所示位置，在弹出窗口中单击“对齐”按钮，在水平对齐中选择“跨列居中”。

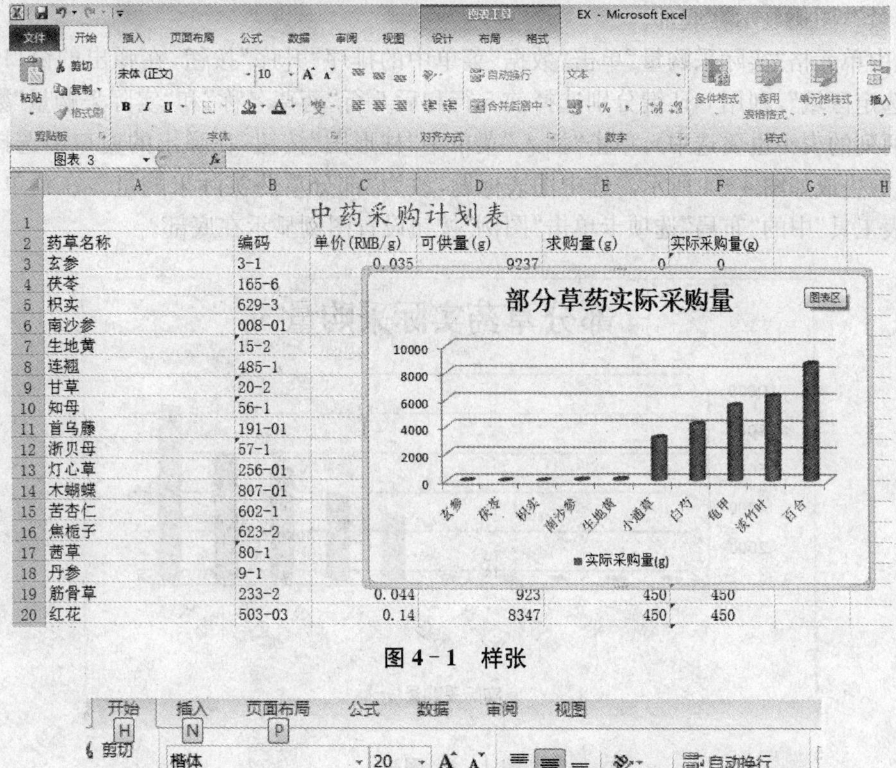

图 4-1　样张

图 4-2　设置单元格对齐方式

(3) 在 Sheet1 工作表的 F3:F33 各单元格中,利用函数分别计算各种中药的实际采购量(实际采购量取可供量和求购量的最小值),要求居中显示。

选择 F3 单元格如图 4-3 所示,输入"=MIN(D3:E3)"并设置格式居中,将公式填充至 F33。

=MIN(D3:E3)

B	C	D	E	F
编码	单价(RMB/g)	可供量(g)	求购量(g)	实际采购量(g)
367-01	0.027	2322	900	=MIN(D3:E3)
57-1	0.45	241	200	
485-1	0.05	155	100	
256-01	0.165	252	200	
56-1	0.062	421	160	
602-1	0.055	331	300	
601-1	0.058	1634	1200	
15-2	0.07	82	200	
191-01	0.019	235	170	
187-01	0.025	834	460	

图 4-3　函数应用

(4) 根据 Sheet1 工作表中相关数据,生成一张反映排列在前五位和最后五位草药实际采购量的"柱形圆柱图",并嵌入当前工作表中,要求系列产生在行,图表标题为"部分草药实际采购量”,图例显示在底部。

选中单元格“实际采购量”单击“数据”菜单中的排序“升序”按钮,在弹出的窗口中选择“扩展选定区域”,利用 ctrl 键分别选择前 5 行和后 5 行“药草名称”和“实际采购量”数据(注意:这两列的表头也要选中),单击“插入”菜单中“柱形图”按钮,在弹出的窗口中选择“簇形圆柱图”,生成如图 4-4 所示。选中图表标题,改为“部分草药实际采购量”,在菜单栏中选择“图表工具”中的“布局”选项卡单击“图例”按钮设置图例显示在底部。

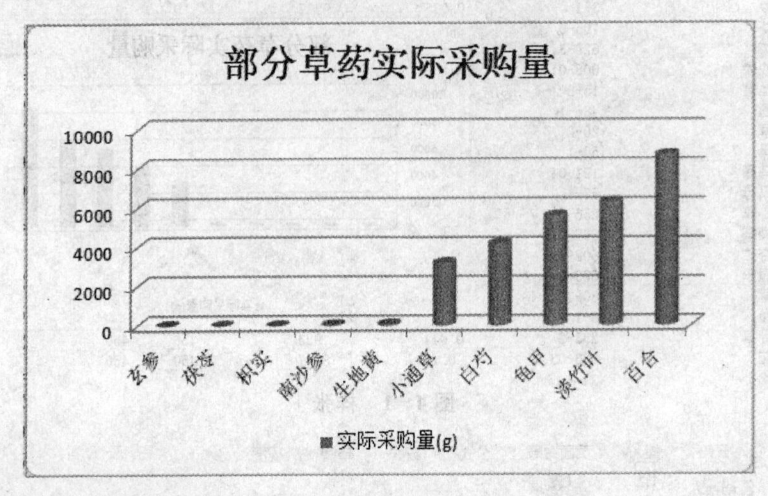

图 4-4　图表

(5) 根据 Sheet2 工作表中相关数据自动筛选出公司甲的销售额,并将表名改为:“公司甲销售额”。

选中 Sheet2 工作表中 A3 到 D15 区域单元格,单击“数据”菜单中的“筛选”按钮,单击“公司”右侧的下拉箭头,如图 4-5 所示,选择“公司甲”,然后单击“确定”按钮。在“Sheet2”上单击鼠标右键,在弹出的快捷菜单里选择“重命名”,然后输入“公司甲销售额”。

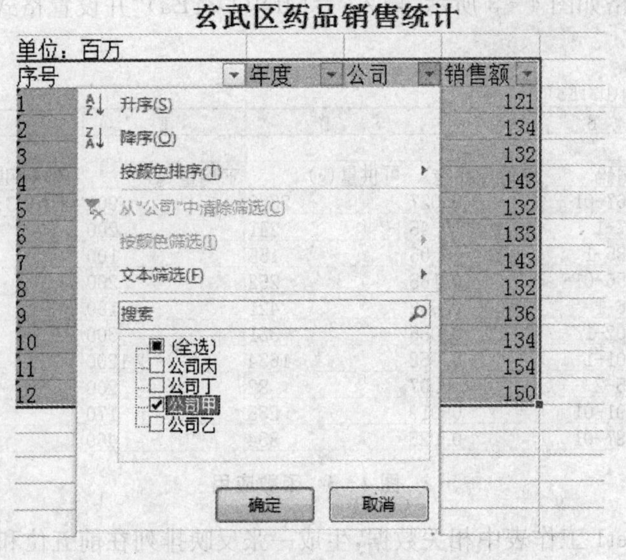

图 4-5　自动筛选

(6) 在根据 Shee3 利用公式求三年来公司甲人均销售额(人均销售额=(2011 年销售额+2012 年销售额+2013 年销售额)/人数)。

单击 Sheet3 表中的 C3 单元格，在编辑栏里如图 4-6 所示，输入"=(公司甲销售额! D4+公司甲销售额! D8+公司甲销售额! D12)/B2"，按回车键。

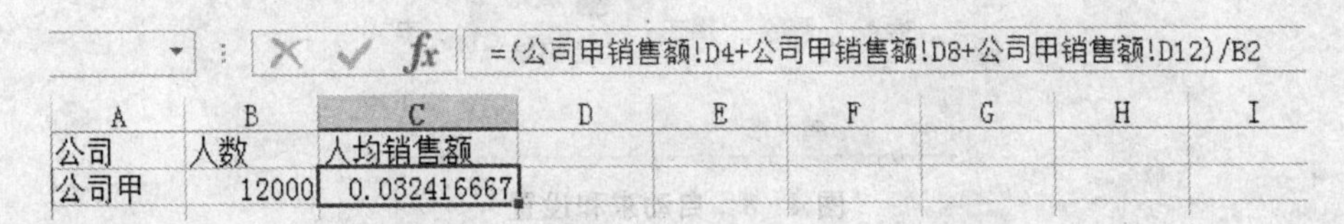

图 4-6　输入公式

(7) 将工作簿以文件名:EX，文件类型:Microsoft Excel 工作簿(＊.XLSX)，存放于"实验 4-1"文件夹中。

单击"文件"菜单中的"另存为"按钮，在弹出的对话框中设置:保存位置:"实验 4-1"文件夹，文件名:"EX"，文件类型:"工作簿(＊.XLSX)"。

实验 4-2

调入文件夹"实验 4-2"文件夹中的"table.xlsx"和"戏剧.rtf"数据，制作图表，具体要求如下：

(1) 将"戏剧.rtf"中表格数据转换到"table.xlsx"的"调查汇总"工作表中，要求数据自第七行第一列开始存放。

打开"戏剧.rtf"并选中整张表，单击右键在弹出的快捷菜单中的"复制"按钮，打开数据表 tables.xlsx，选中单元格"A7"，单击鼠标右键，在弹出的快捷菜单选择"粘贴选项"中的"匹配目标格式"按钮。

(2) 在工作表"调查汇总"A1 单元格中，输入标题"戏曲爱好者人数统计表"，设置其在 A1:H1 区域内合并居中，文字格式为加粗、16 号字。

在 A1 单元格中输入"戏曲爱好者人数统计表"，选中单元格 A1 到 H1，单击"开始"菜单中的"合并后居中"按钮如图 4-7 箭头所示位置。

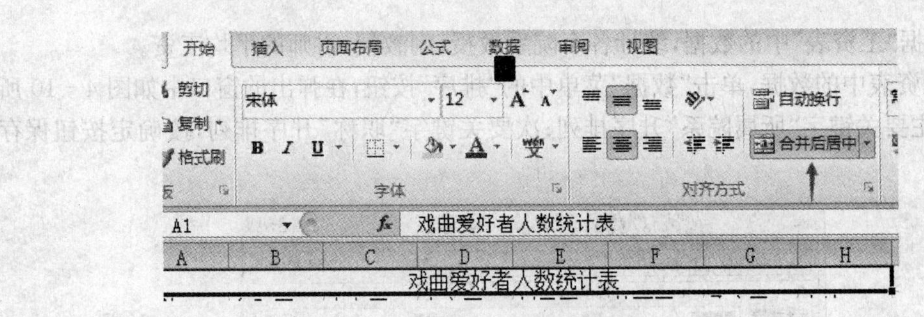

图 4-7　合并后居中设置

(3) 在"调查汇总"工作表的 H3:H9 各单元格中，利用公式分别计算相应剧种爱好者的人数之和;

选中单元格H3,单击“开始”菜单中的“自动求和”按钮如图4-8箭头所示位置,选择B3到H3单元格后按“回车键”,然后再利用填充功能完成剩下单元格计算。

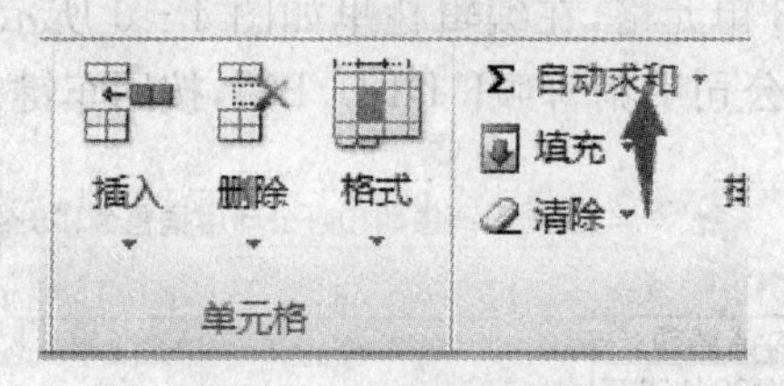

图4-8　自动求和设置

(4) 根据“调查汇总”工作表“剧种”和“合计”两列数据,生成一张“饼图”,嵌入当前工作表中,要求显示值。

选中单元格A2到A9然后按下“Ctrl”键的同时选中单元格H2到H9,单击“插入”菜单中的“饼图”按钮,在弹出的对话框中选择“饼图”,选择图表后在“图表工具”菜单中选择“布局”选项卡,然后选择“数据标签”按钮,在弹出的窗口中选择“数据标签内”如图4-9所示。

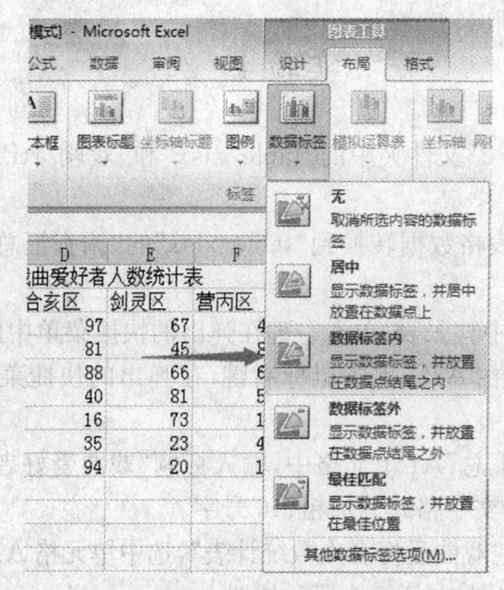

图4-9　数据显示

(5) 根据“工资表”中的数据,统计各个院系教授、副教授、讲师的平均工资。

选中工资表中的数据,单击“数据”菜单中的“排序”按钮,在弹出的窗口中如图4-10所示,设置按主要关键字“所属院系”升序排列;次要关键字“职称”升序排列,按确定按钮保存设置。

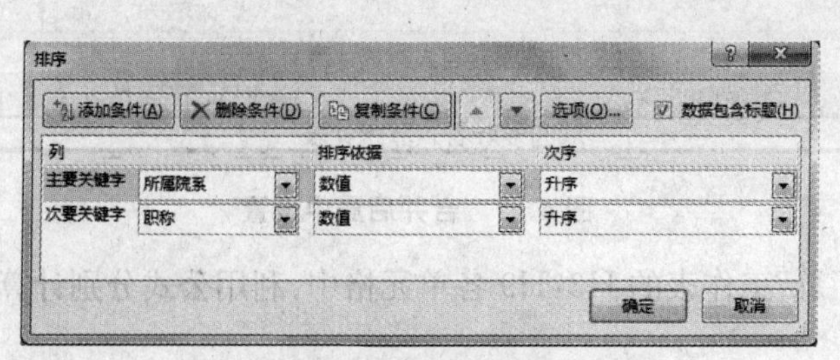

图4-10　所属院系、职称排序

单击“数据”菜单中的“分类汇总”按钮，如图 4－11 所示设置分类字段为“职称”，汇总方式为“平均值”，汇总项为“工资”。

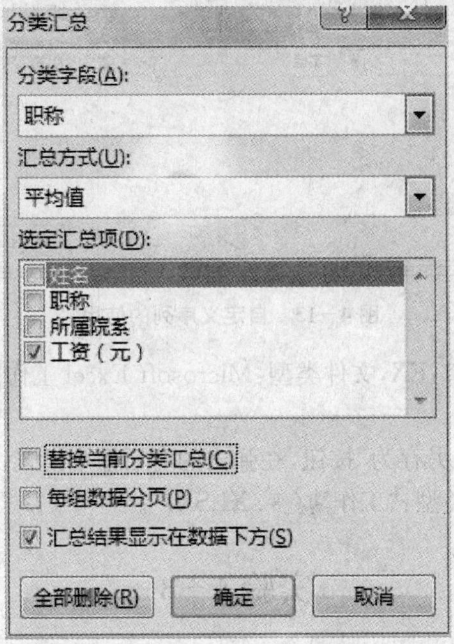

分类汇总
分类字段(A):
职称
汇总方式(U):
平均值
选定汇总项(D):
姓名
职称
所属院系
工资（元）
替换当前分类汇总(C)
每组数据分页(P)
汇总结果显示在数据下方(S)
全部删除(R)　确定　取消

4－11　汇总项设置

(6) 将“职称表”中的“职称”按自定义序列“教授，副教授，讲师”排序。

先单击“文件”菜单中的“选项”子菜单，如图 4－12 所示，然后在“高级”中单击“编辑自定义序列”按钮，输入序列“教授，副教授，讲师”(注意用英文中的“逗号”分隔)，单击添加按钮。

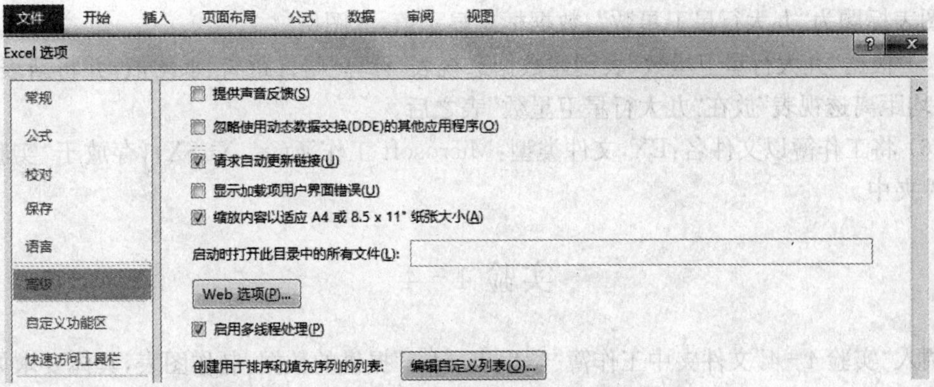

文件　开始　插入　页面布局　公式　数据　审阅　视图
Excel 选项
常规
公式
校对
保存
语言
高级
自定义功能区
快速访问工具栏
提供声音反馈(S)
忽略使用动态数据交换(DDE)的其他应用程序(O)
请求自动更新链接(U)
显示加载项用户界面错误(U)
缩放内容以适应 A4 或 8.5 x 11" 纸张大小(A)
启动时打开此目录中的所有文件(L):
Web 选项(P)...
启用多线程处理(P)
创建用于排序和填充序列的列表:　编辑自定义列表(O)...

图 4－12　添加自定义序列

选中 A2 到 B14 区域单元格，单击“数据”菜单中的“排序”按钮，然后如图 4－13 所示设置“主要关键字”为“列 B”，“次序”为自定义序列“教授，副教授，讲师”。

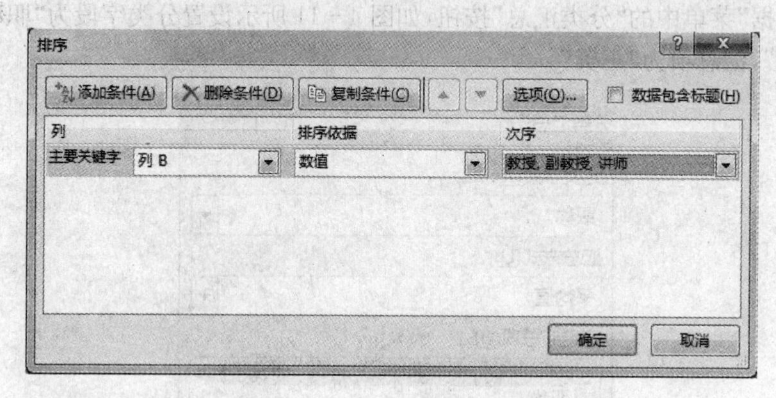

图 4-13 自定义序列的使用

(7) 将工作簿以文件名:EX,文件类型:Microsoft Excel 工作簿(*.XLSX),存放于"实验 4-2"文件夹中。

单击"文件"菜单中的"另存为"按钮,在弹出的对话框中设置:保存位置:"实验 4-2"文件夹,文件名:"EX",文件类型:"工作簿(*.XLSX)"。

实验 4-3

调入"实验 4-3"文件夹中工作簿"EX1.xlsx"提供的数据,制作图表,具体要求如下:

(1) 将 Sheet1 工作表命名为"九大行星数据表"。

(2) 将 A1:K1 单元格区域合并及居中,并设置其中文字格式为:楷体、20 号字、红色。

(3) 在 A12 单元格输入"平均",并在 B12:K12 各单元格中,利用函数分别计算九大行星相应列的均值,结果保留 2 位小数。

(4) 根据"行星"和"卫星数"两列数据(不包括平均值行),生成一张"带数据标志折线图",图表标题为"九大行星卫星数",数据标志显示值,无图例。

(5) 根据"九大行星卫星数"表创建数据透视表,计算"与日距离"平均值,并将新表改名为"平均距离透视表"放在"九大行星卫星数"表之后。

(6) 将工作簿以文件名:EX,文件类型:Microsoft 工作簿(*.XLSX),存放于"实验 4-3"文件夹中。

实验 4-4

调入"实验 4-4"文件夹中工作簿"学生表.xlsx"提供的数据,制作图表,具体要求如下:

(1) 将"学生.txt"文本文件数据转换到"学生表.xlsx"的"研究生"工作表中以 A9 单元格为起始位置。

提示:数据转换用"数据"菜单中的"获取外部数据"中"自文本"按钮。

(2) 在学生表工作簿的"学生成绩表"中,计算各学生的总成绩和平均成绩,平均成绩不显示小数,并根据总成绩由高到低的顺序,依次填入学生对应的名次(总成绩最高的为 1,不考虑并列名次)。

(3) 按系别的升序排序后分类汇总各系学生英语、数学、计算机的平均成绩，汇总结果显示在数据下方。

(4) 折叠汇总项，基于“系别”、“英语”、“数学”、“计算机”四列数据，创建化学、生物、外语、物理各系汇总后数据的图表，图表类型为“簇状柱形图”，图表标题为“各系平均成绩对照表”；

(5) 将工作簿以文件名：EX，文件类型：Microsoft Excel 工作簿（*.XLSX），存放于“实验 4－4”文件夹中。

实验5　演示文稿

实验目的

1. 掌握选择应用设计模版的方法。
2. 掌握幻灯片插入、删除、复制、移动及编辑的方法。
3. 掌握插入图片对象、插入日期时间和页码的方法。
4. 掌握对象的动画设置和放映的设置方法。
5. 掌握超链接的设置方法。
6. 掌握幻灯片母版的使用。
7. 掌握文件的保存的操作方法。

实验内容

实验5－1

调入文件夹“实验5－1”中的Web.pptx文件，按照要求完善该PowerPoint文件，完成如图5－1所示演示文稿。

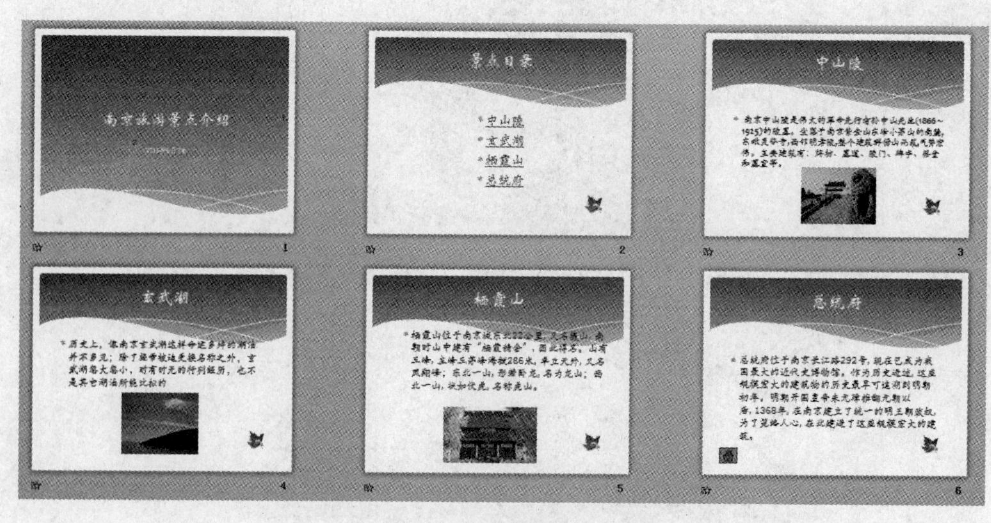

图5－1　参考样张

具体要求如下：

(1) 新建幻灯片。插入一张新幻灯片，作为第六张幻灯片。将新幻灯片标题设为“总统府”，并将素材文件夹中的Jingdian1.txt中介绍总统府的文字内容复制到新幻灯片提示语为“单击此处添加文本”的文本框中。

选中第五张幻灯片，在“开始”选项卡的“幻灯片”组中单击“新建幻灯片”按钮，在弹出的面板中选择板式“标题和内容”，如图5-2所示。

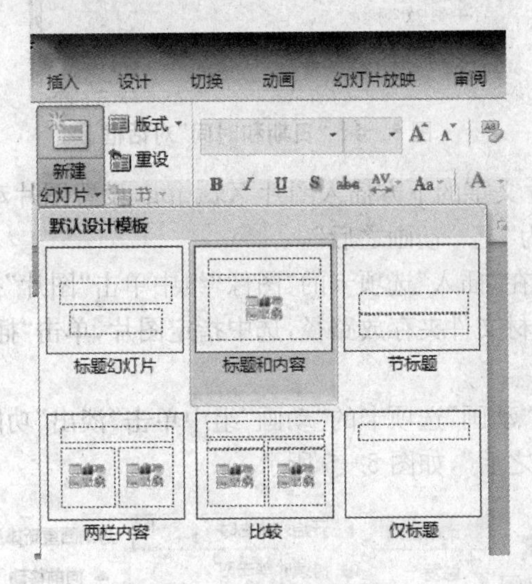

图5-2　新建幻灯片

打开素材文件夹中的Jingdian1.txt中，选中指定文字内容进行复制，选中PowerPoint文件，单击选中第六张幻灯片的提示语为“单击此处添加文本”的文本框进行粘贴操作。

(2) 为所有幻灯片应用设计模板，模板名称为“波形”。在第一张幻灯片副标题处插入自动更新的日期，格式为“XXXX年XX月XX日”。

在“设计”选择卡的“主题”组中选中名为“波形”的设计模板，单击应用。如图5-3所示。

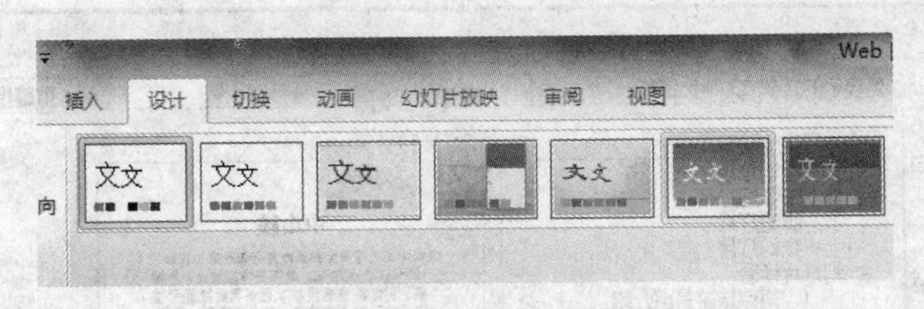

图5-3　应用设计模板

选中第一张幻灯片副标题处，在“插入”选项卡的“文本”组中单击“日期和时间”按钮，在弹出窗口中选择指定格式日期，选定自动更新，如图5-4所示。

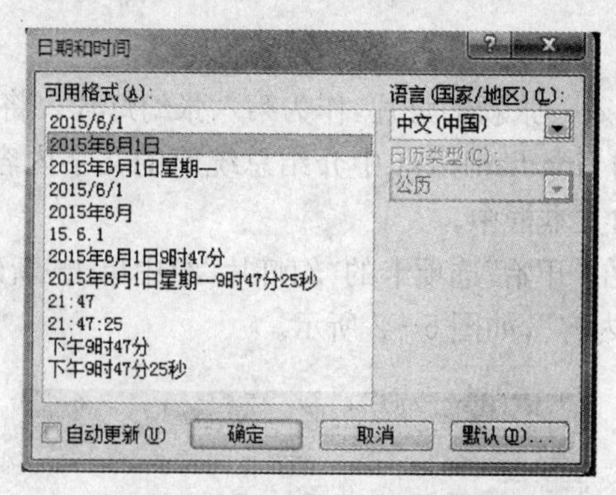

图 5-4 “日期和时间”对话框

(3) 在第五张幻灯片文字的下方插入图片 Xxs.jpg,设置图片动画效果为“淡出”,计时功能中“开始”选项设置为“上一动画之后”。

选中第五张幻灯片,在“插入”选项卡的“图像”组中单击“图片”按钮,弹出“插入图片”对话框,在对话框中找到素材文件夹存放路径,选中指定图片,单击“插入”按钮,在幻灯片中将图片拖动到文字的下方。

选中所插于图片,在“动画”选项卡的“动画”组中单击“淡出”功能按钮,在“计时”组中将“开始”项设为“上一动画之后”,如图 5-5 所示。

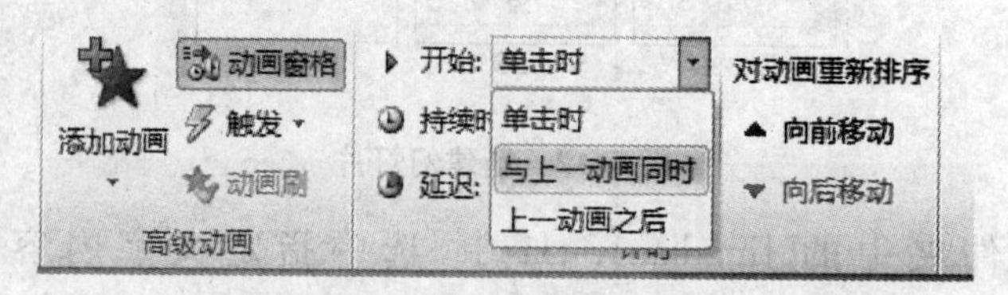

图 5-5 动画设置面板

(4) 为第二张幻灯片中的正文标题文字建立超链接,分别指向相应标题的幻灯片。

选中第二张幻灯片的文字“中山陵”,在“插入”选项卡的“链接”组中单击“超链接”功能按钮,在“插入超链接”对话框中将“链接到”选项设置为“本文档中的位置”,然后选择“幻灯片标题”为“中山陵”,单击“确定”按钮,如图 5-6 所示,同样的方法设置其他文字建立超链接。

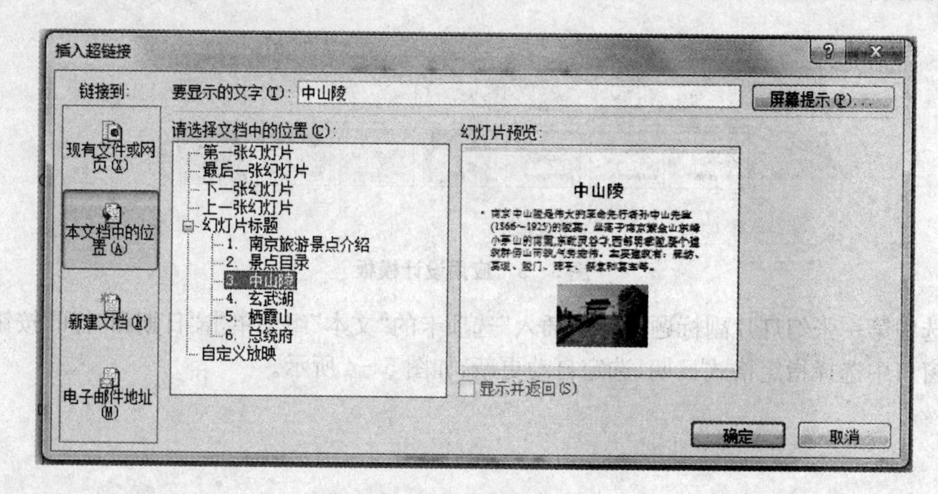

图 5-6 “插入超链接”对话框

(5) 补充:在最后一张幻灯片的右下角插入一个“第一张”动作按钮,超链接指向第一张幻灯片。

在“插入”选项卡的“插图”组中单击“形状”功能按钮,在弹出面板中找到动作按钮“第一张”,在最后一张幻灯片中绘制按钮,将自动弹出“动作设置”窗口,在窗口中将“超链接到”选项设置为“第一张幻灯片”,如图 5 - 7 所示。

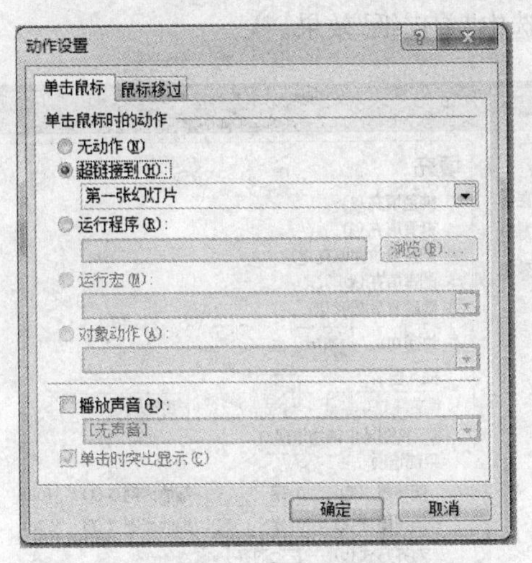

图 5 - 7　“动作设置”对话框

(6) 将制作好的演示文稿以文件名:Web,文件类型:演示文稿(*. PPTX),存放于“实验 5 - 1”文件夹中。

选择“文件”菜单的“保存”命令,或者工具栏中“保存”按钮进行文件保存,即可将文件以同名同类型的形式存放于“实验 5 - 1”文件夹中。

实验 5 - 2

调入文件夹“实验 5 - 2”中的 Web. pptx 文件,按照要求完善该 PowerPoint 文件,制作完成如图 5 - 8 所示演示文稿。

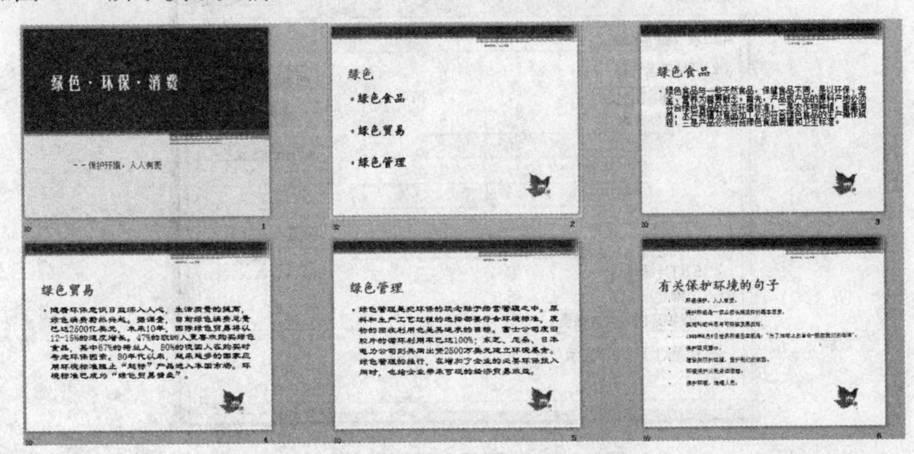

图 5 - 8　参考样张

具体要求如下：

(1) 为所有幻灯片应设计模板“都市”。为第一张幻灯片中设置背景格式，设置纹理填充效果为“羊皮纸”。

在“设计”选择卡的“主题”组中选中名为“都市”的设计模板，单击应用；在“背景”组中单击“背景样式”，在弹出的面板中单击“设计背景格式”，显示“设置背景格式”对话框，如图5-9所示，在纹理效果中选中“羊皮纸”效果。

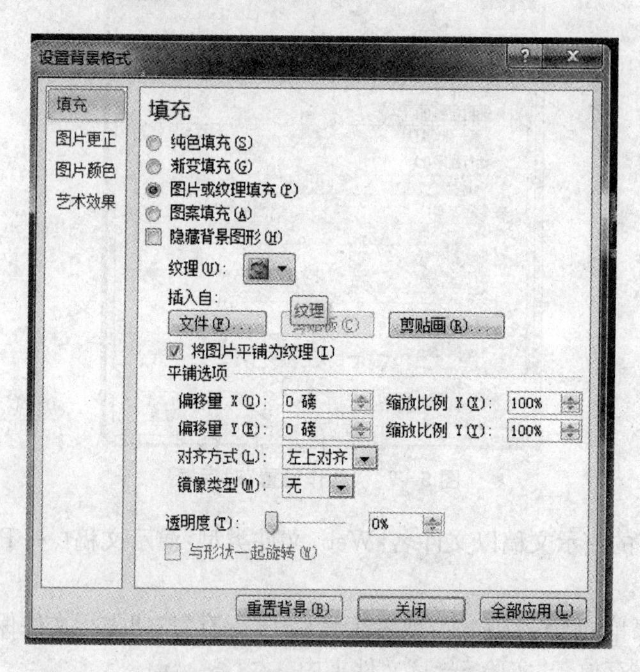

图5-9 “设置背景格式”对话框

(2) 除标题幻灯片外，在其他幻灯片中插入页脚：环境保护，人人有责。

在“插入”选择卡的“文本”组中选中“页面和页脚”按钮，弹出如图5-10对话框。勾选“页脚”选项，输入“环境保护，人人有责”，勾选“标题幻灯片不显示”，然后单击“全部应用”。

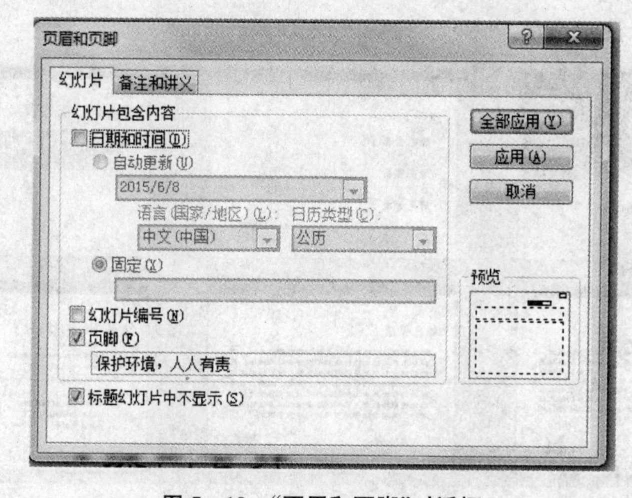

图5-10 “页眉和页脚”对话框

(3) 设置第一张幻灯片的副标题动画效果为自底部飞入。

选中所副标题文字,在“动画”选项卡的“动画”组中单击“飞人”功能按钮,在“高级动画”组中单击“动画窗格”按钮,在弹出的窗口中选择“效果选项”,弹出“飞入”动画对话框,将对话框中的“方向”选项设置“自底部”,如图 5-11、5-12 所示。

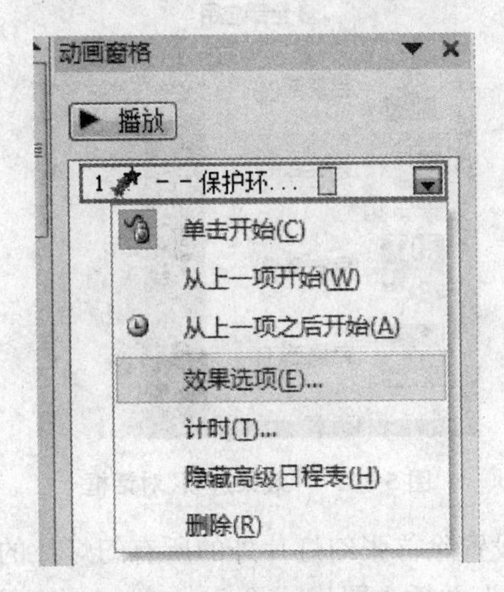

图 5-11 “动画窗格”窗口

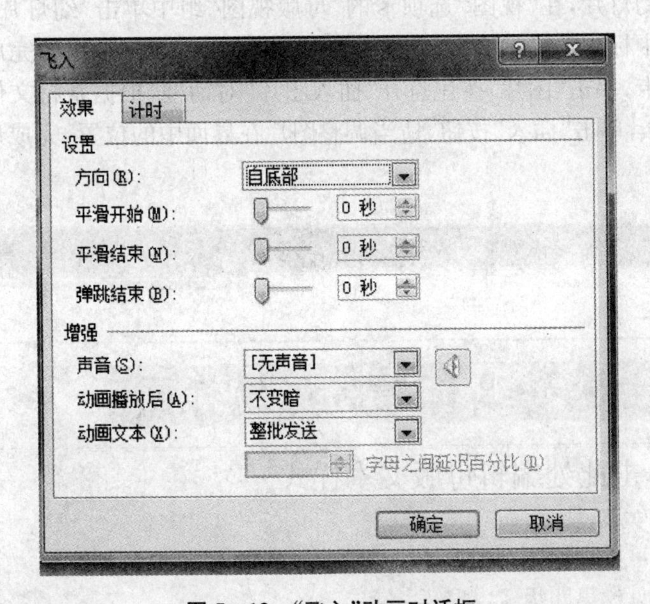

图 5-12 “飞入”动画对话框

(4) 设置所有幻灯片的切换效果为“自左侧推进”,换片方式为“设置自动换片时间间隔2秒”,取消“单击鼠标时”。

在“切换”选项卡的“推进”切换方式,单击切换效果右侧的“效果选项”功能按钮,选中“自左侧”选项,在“计时”组中的“切片方式”中,取消“单击鼠标时”,勾选“设置自动换片时间”将时间间隔设为2秒。

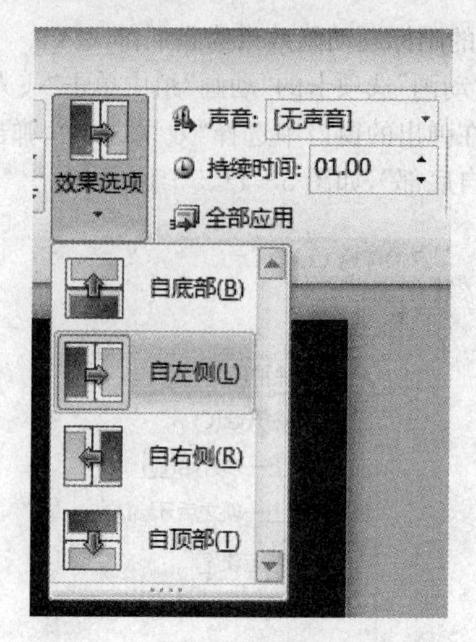

图5-13　"效果选项"对话框

(5) 利用幻灯片母版，设置除首张幻灯片外的所有幻灯片的标题字体，颜色为"红色"，字形为"加粗"，字体为"楷体"，并插入图片 pic2.jpg。

选中第二张幻灯片，在"视图"选项卡的"母版视图"组中单击"幻灯片母版"功能按钮。在母版视图中选中标题的提示文字，单击"开始"选项卡，在"字体"组中完成对字体的设置。选中"图像"选项卡，单击"图片"按钮打开"插入图片"对话框，根据素材文件夹的存放路径，找到图片 pic2.jpg，单击"插入"按钮，适当调整图片在界面中的位置，完成母版图片的插入，如图5-14所示。

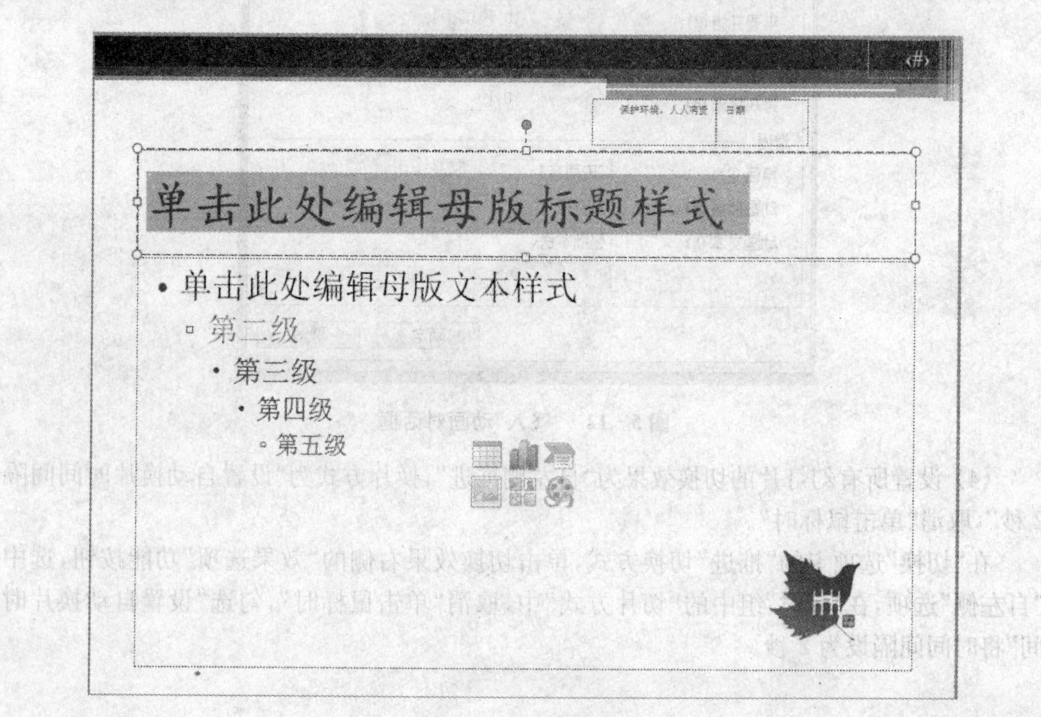

图5-14　母版视图

(6) 将制作好的演示文稿以文件名:Web,文件类型:演示文稿(*.PPTX),存放于“实验 5 - 2”文件夹中。

选择“文件”菜单的“保存”命令,或者工具栏中“保存”按钮进行文件保存,即可将文件以同名同类型的形式存放于“实验 5 - 2”文件夹中。

实验 5 - 3

调入文件夹“实验 5 - 3”中的 Web. pptx 文件,按照要求完善该 PowerPoint 文件。

具体要求如下:

(1) 为所有幻灯片应用设计模板“暗香扑面”,在第一张幻灯片副标题处插入自动更新的日期,格式为“0000 - 00 - 00”。

(2) 为第二张幻灯片中设置背景格式,在渐变填充项中,预设颜色为“茵茵绿原”,类型为“射线”,隐藏背景图形。

(3) 将 gy. txt 中个园介绍内容复制到第四张幻灯片的文本框中。

(4) 在第六张幻灯片文字的下方插入图片 wsxy. jpg,设置图片动画效果为淡出、延迟 2 秒。

(5) 为第二张幻灯片中的正文文字建立超链接,分别指向相应标题的幻灯片,在最后一张幻灯片的右下角插入一个“第一张”动作按钮,超链接指向第一张幻灯片。

(6) 将制作好的演示文稿以文件名:Web,文件类型:演示文稿(*.PPTX),存放于“实验 5 - 3”文件夹中。

实验 5 - 4

调入文件夹“实验 5 - 4”中的 Web. pptx 文件,按照要求完善该 PowerPoint 文件。

具体要求如下:

(1) 为所有幻灯片应设计模板“跋涉”。为第一张幻灯片中设置背景格式,设置纹理充效果为“画布”。

(2) 在第三张幻灯片标题“大桥雄姿”下插入图片 jydq. jpg,并将图片的高度设为 10 cm,宽度设为 16 cm,图片动画设置为右侧飞入。

(3) 插入一新幻灯片,作为第五张幻灯片。张幻灯片的标题内容为:“三、大桥特点”,并设置其字体为黑体、加粗、32 号、红色(注意:用自定义标签中的红色 255、绿色 0、蓝色 0);把 Web 文件夹中的“特点. txt”的内容复制到本幻灯片,并设置其字体为楷体、16 号、黑色。

(4) 除标题幻灯片外,在所有幻灯片页脚中插入幻灯片编号。设置所有幻灯片的切换效果为“自右侧推进”,换片方式为“设置自动换片时间间隔 2 秒”,取消“单击鼠标时”。

(5) 将制作好的演示文稿以文件名:Web,文件类型:演示文稿(*.PPTX),存放于“实验 5 - 4”文件夹中。

实验6　综合实验

实验目的

综合并熟练地操作各类软件。

实验内容

实验6－1

1. WORD 操作题

调入文件夹“实验6－1”中的ED1. RTF文件，参考样张如图6－1所示，按下列要求进行操作。

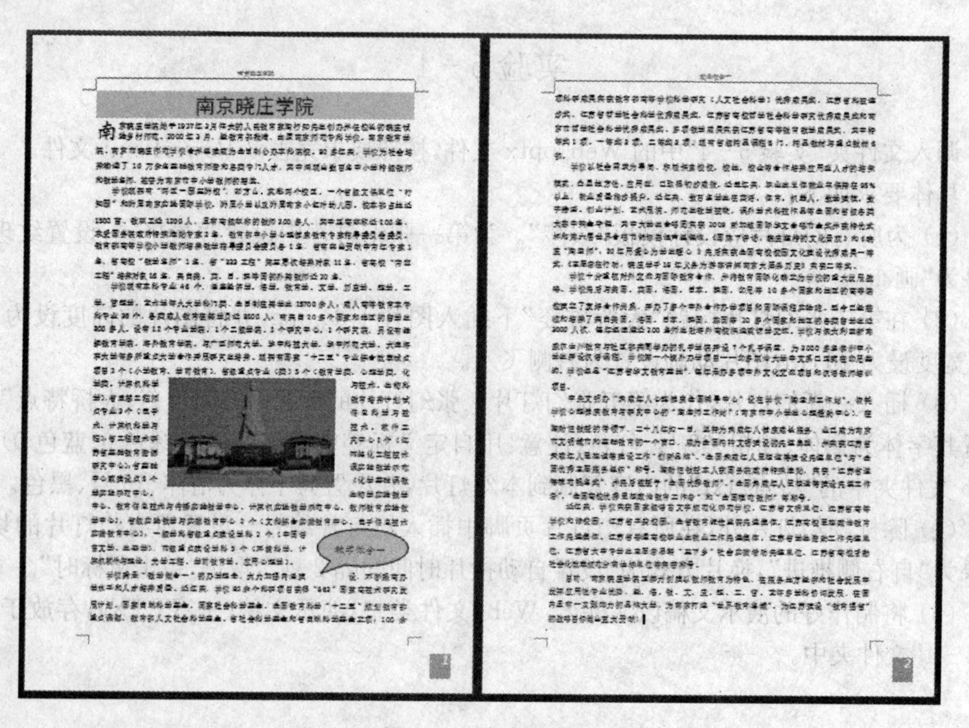

南京晓庄学院

图6－1　参考样张

(1) 将页面设置为:A4 纸,上、下页边距为 2.5 厘米,左、右页边距为 3 厘米,每页 40 行,每行 38 个字符。

(2) 给文章加标题“南京晓庄学院”,设置其格式为黑体、红色、一号字,居中显示,标题段填充白色,背景 1,深色 15%的底纹。

(3) 设置正文第一段首字下沉 2 行,首字字体为楷体,其余各段设置为首行缩进 2 字符。

(4) 将正文中所有的“本校”替换为“学校”,并设置为蓝色、加着重号。

(5) 参考样张,在正文适当位置插入图片“校园.jpg”,设置图片高度缩放比例为 50%,宽度缩放比例为 45%,环绕方式为四周型。

(6) 参考样张,在正文适当位置插入自选图形“椭圆形标注”,添加文字“教学做合一”,设置文字格式为:楷体、红色、四号字,设置自选图形格式为:浅绿色填充色、透明度 50%、紧密型环绕、右对齐。

(7) 设置奇数页页眉为“南京晓庄学院”,偶数页页眉为“教学做合一”,均居中显示,并在所有页的页面底端插入页码,页码样式为“框中倾斜 2”。

(8) 将编辑好的文章以文件名:ED1,文件类型:RTF 格式(*.RTF),存放于文件夹“实验 6-1”中。

2. EXCEL 操作题

调入文件夹“实验 6-1”中的 EX1.XLSX 文件,参考样张如图 6-2、6-3、6-4 所示,按下列要求进行操作。

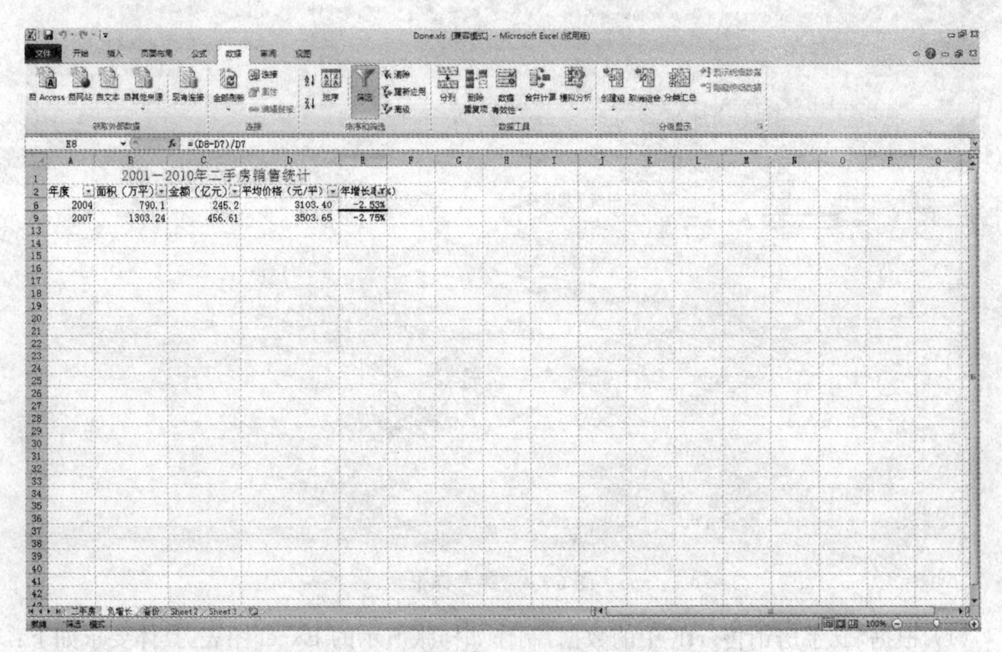

图 6-2　参考样张

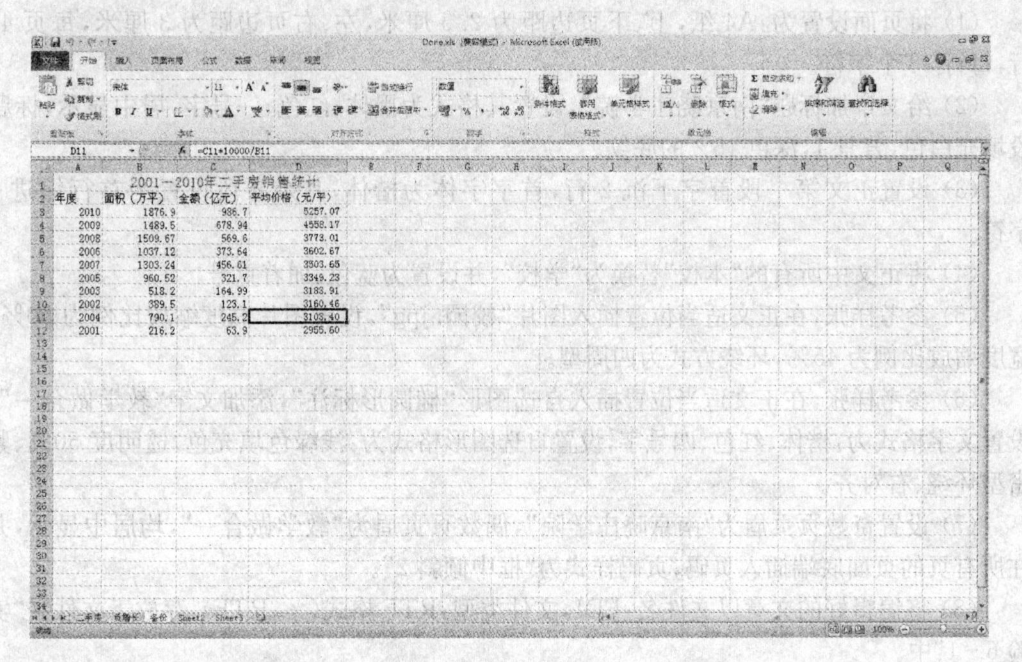

	2001—2010年二手房销售统计		
年度	面积（万平）	金额（亿元）	平均价格（元/平）
2010	1876.9	986.7	5257.07
2009	1489.5	678.94	4558.17
2008	1509.67	569.6	3773.01
2006	1037.12	373.64	3602.67
2007	1303.24	456.61	3503.65
2005	960.52	321.7	3349.23
2003	518.2	164.99	3183.91
2002	389.5	123.1	3160.46
2004	790.1	245.2	3103.40
2001	216.2	63.9	2955.60

图6-3 参考样张

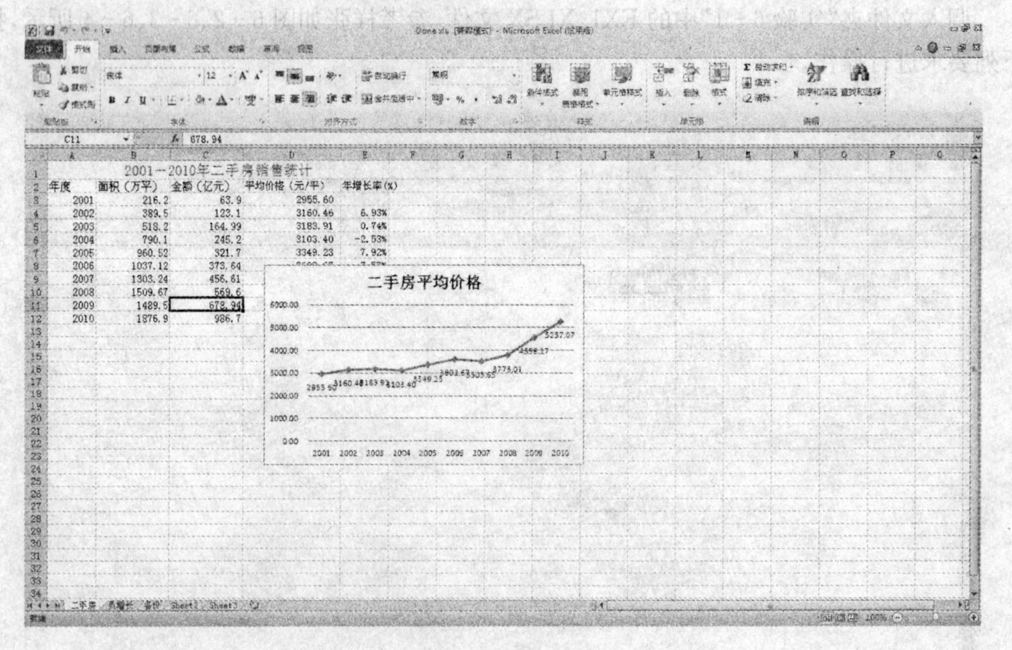

	2001—2010年二手房销售统计			
年度	面积（万平）	金额（亿元）	平均价格（元/平）	年增长率(%)
2001	216.2	63.9	2955.60	
2002	389.5	123.1	3160.46	6.93%
2003	518.2	164.99	3183.91	0.74%
2004	790.1	245.2	3103.40	-2.53%
2005	960.52	321.7	3349.23	7.92%
2006	1037.12	373.64		
2007	1303.24	456.61		
2008	1509.67	569.6		
2009	1489.5	678.94		
2010	1876.9	986.7		

图6-4 参考样张

(1) 根据“二手房销售.rtf”中的数据，制作如样张所示的Excel图表，具体要求如下：

将“二手房销售.rtf”文件中的内容转换为Excel工作表，要求数据自第二行第一列开始存放，工作表命名为“二手房”。

(2) 设置第一行标题文字在A1:E1单元格区域合并后居中，字体格式为楷体、16号、红色。

(3) 在 D2 单元格中输入“平均价格(元/平)”,在 D 列使用公式计算各年度二手房平均价格,结果保留 2 位小数(平均价格(元/平)=金额(亿元)×10 000/面积(万平))。

(4) 将每列宽度设为合适的宽度,使所有文字正常显示。

(5) 复制“二手房”工作表,并将新工作表重命名为“备份”。

(6) 在“备份”工作表中,将数据按平均价格降序排序。

(7) 在“二手房”工作表 E2 单元格中输入“年增长率(%)”,在 E 列使用公式计算 2002 年及以后各年度平均价格年增长率,结果按百分比样式显示,保留 2 位小数(年增长率=(当年平均价格-上年平均价格)/上年平均价格)。

(8) 复制“二手房”工作表,并将新工作表重命名为“负增长”。并在该工作表中,自动筛选出增长率为负的记录。

(9) 参考样张,在“二手房”工作表中,根据表中的数据生成一张反映 2001 - 2010 年二手房平均价格的“带数据标记的折线图”,嵌入当前工作表中,要求分类(X)轴标志显示年度,图表标题为“二手房平均价格”,无图例,数据标签显示在数据点下方。

(10) 将工作簿以文件名:EX1,文件类型:Microsoft Excel 工作簿(*.XLSX),存放于文件夹“实验 6 - 1”中。

3. POWERPOINT 操作题

调入文件夹“实验 6 - 1”中的 Web.pptx 文件,按下列要求进行操作。

(1) 所有幻灯片应用主题 Moban01.potx,所有幻灯片切换效果为立方体。

(2) 在第二张幻灯片中插入图片 Pic1.jpg,金属框架样式,设置图片高度为 6 厘米,宽度为 6 厘米,动画效果为单击时翻转式由远及近进入,持续时间为 0.5 秒。

(3) 利用 SmartArt 图形,将第 2 张幻灯片中的项目符号及文字,转换为垂直框列表,并为垂直框列表中的文字创建超链接,分别指向具有相应标题的幻灯片。

(4) 将第三张和第四张幻灯片更换次序。

(5) 将幻灯片大小设置为 35 毫米幻灯片,除标题幻灯片外,在其他幻灯片中插入页脚“美丽的南京”。

(6) 利用幻灯片母版,除标题幻灯片外,在其他幻灯片的右下角插入笑脸形状,单击该形状,超链接指向第一张幻灯片。

(7) 将制作好的演示文稿以文件名:Web,文件类型:演示文稿(*.PPTX)保存,存放于文件夹“实验 6 - 1”中。

实验 6 - 2

1. Word 操作题

调入文件夹“实验 6 - 2”中的 ED1.RTF 文件,参考样张如图 6 - 5 所示,按下列要求进行操作。

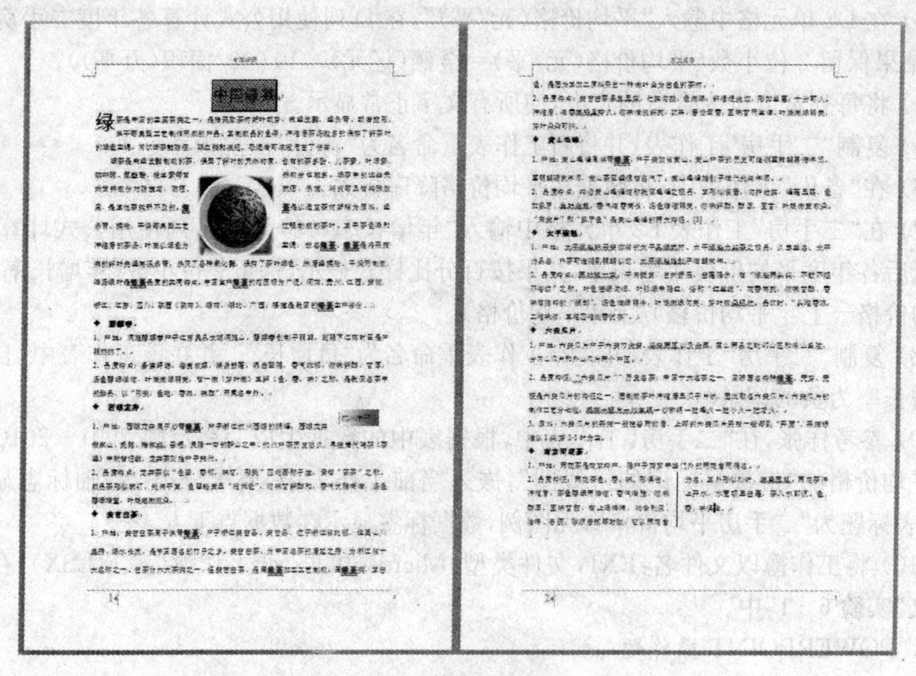

图6-5　参考样张

(1) 给文章加标题“中国绿茶”,设置其格式为楷体、字体颜色深蓝,文字2,二号字,居中显示,标题文字设置深红色、1磅、阴影边框,底纹设为茶色,背景2深色25%填充色、20%的图案样式。

(2) 设置正文第一段首字下沉2行,首字字体为楷体,第二段设置为首行缩进2字符,所有段落1.2倍行距。

(3) 参考样张,将正文中加粗的小标题设置为菱形项目符号。

(4) 参考样张,将正文中所有的“绿茶”替换为楷体、加粗、双下划号、橄榄色,强调文字颜色3深色50%字体。

(5) 参考样张,在正文适当位置插入图片“Tu2.jpg”,设置图片高度、宽度均为4厘米,并设置图片为柔化边缘5磅样式、环绕方式为紧密型。

(6) 参考样张,在正文适当位置插入边线型引述文本框,添加文字“杭州特产”,设置文字格式为:幼圆、深蓝色、二号字,设置文本框工具格式:线性向左渐变形状填充。

(7) 设置首页页眉为“中国绿茶”,其余页页眉为“历史名茶”,均居中显示,并在所有页的页面底端插入年刊型页脚;将正文最后一段设置为分等宽两栏,栏间加分隔线。

(8) 将编辑好的文章以文件名:ED2,文件类型:RTF格式(*.RTF),存放于文件夹“实验6-2”中。

2. EXCEL 操作题

调入文件夹“实验6-2”中的EX1.XLSX文件,参考样张如图6-6、6-7所示,按下列要求进行操作。

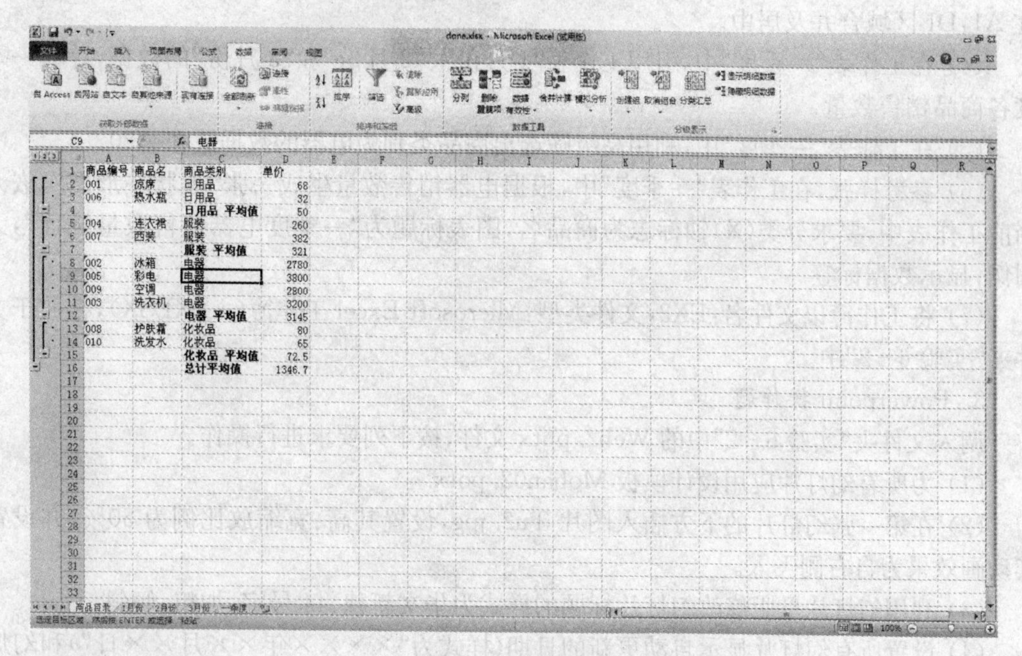

图 6-6　参考样张

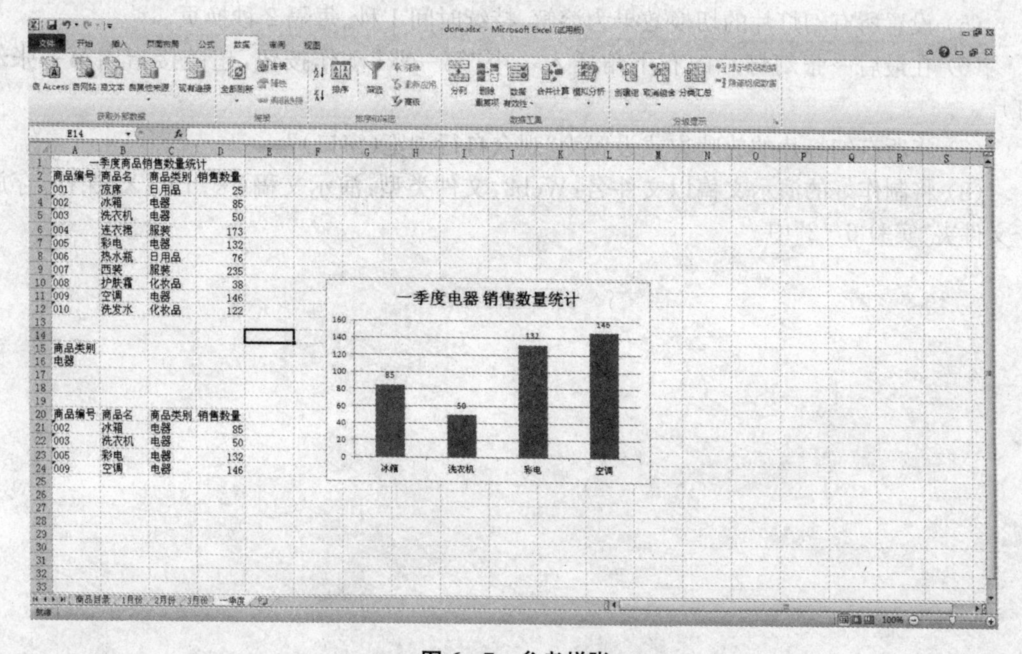

图 6-7　参考样张

(1) 在工作表“商品目录”中，将数据按“日用品，服装，电器，化妆品”的自定义序列排序。

(2) 在工作表“商品目录”中，将数据按“商品类别”进行分类汇总求平均值，汇总项为“单价”。

(3) 在工作表“一季度”A1 单元格中，输入标题“一季度商品销售数量统计”，并设置其在A1:D1区域合并及居中。

(4) 在工作表"一季度"中,引用工作表"1月份"、"2月份"和"3月份"的数据,计算一季度各商品销售数量。

(5) 在工作表"一季度"中,利用高级筛选出商品类别为电器的数据放在A20。

(6) 参考样张,在工作表"一季度"中,根据电器销售数量生成一张"簇状柱形图",嵌入当前工作表中,要求分类(X)轴标志为商品名,图表标题为"一季度电器销售数量统计",无图例,显示数据标签。

(7) 将工作簿以文件名:EX2,文件类型:Microsoft Excel工作簿(*.XLSX),存放于文件夹"实验6-2"中。

3. Powerpoint操作题

调入文件夹"实验6-2"中的Web2.pptx文件,按下列要求进行操作。

(1) 为所有幻灯片应用设计模板Moban02.potx.

(2) 在第一张幻灯片的下方插入图片Tu2.jpg,设置其高、宽缩放比例为50%,并设置其动画效果为自右侧飞入。

(3) 利用幻灯片母版修改幻灯片标题的样式为华文新魏、44号字、加粗、倾斜。

(4) 设置所有幻灯片显示自动更新的日期(样式为"××××年××月××日")和幻灯片编号。

(5) 设置所有幻灯片的切换效果为溶解、持续时间1秒、每隔2秒换页。

(6) 在最后一张幻灯片的右下角插入一个"第一张"动作按钮,超链接指向第一张幻灯片。

(7) 将所有幻灯片的放映方式设置为"观众自行浏览(窗口)"。

(8) 将制作好的演示文稿以文件名:Web2,文件类型:演示文稿(*.PPTX)保存,存放于文件夹"实验6-2"中。

图书在版编目(CIP)数据

大学计算机基础实训指导 / 田丰春主编. —3版
. —南京:南京大学出版社,2015.7
ISBN 978-7-305-15621-2

Ⅰ. ①大… Ⅱ. ①田… Ⅲ. ①电子计算机—高等学校
—教学参考资料 Ⅳ. ①TP3

中国版本图书馆 CIP 数据核字(2015)第 182211 号

出版发行 南京大学出版社
社　　址 南京市汉口路22号　　　　邮编 210093
出 版 人 金鑫荣

书　　名 大学计算机基础实训指导(第3版)
主　　编 田丰春
责任编辑 单 宁　　　　编辑热线 025-83686531

照　　排 南京理工大学资产经营有限公司
印　　刷 扬州市江扬印务有限公司
开　　本 787×1092 1/16 印张 11.25 字数 273千
版　　次 2015年7月第3版　2015年7月第1次印刷
ISBN 978-7-305-15621-2
定　　价 32.00元

网　　址:http://www.njupco.com
官方微博:http://weibo.com/njupco
官方微信号:njupress
销售咨询热线:(025)83594756
